Skripte zur Mathematik

Fortgeschrittene Analysis

von

Christian Wyss

Skripte zur Mathematik

Fortgeschrittene Analysis

von

Christian Wyss

mathema

 tredition

© 2023 Dr. Christian Wyss

Verlagslabel: mathema (www.mathema.ch)

ISBN   Hardcover: 978-3-384-15734-8
        Paperback: 978-3-384-15733-1

Auflage 1.0

Druck und Distribution im Auftrag des Autors:
tredition GmbH, Heinz-Beusen-Stieg 5, 22926 Ahrensburg, Germany

Die Philosophie steht in diesem grossen Buch geschrieben, das unserem Blick
ständig offen liegt – ich meine das Universum –; aber das Buch ist nicht zu
verstehen, wenn man nicht zuvor die Sprache erlernt und sich mit den Buchstaben
vertraut gemacht hat, in denen es geschrieben ist. Es ist in der Sprache der
Mathematik geschrieben, und deren Buchstaben sind Kreise, Dreiecke und andere
geometrische Figuren, ohne die es dem Menschen unmöglich ist, ein einziges Bild
davon zu verstehen; ohne diese irrt man in einem dunklen Labyrinth herum.
Galileo Galilei: „*Il Saggiatore*" (1623)

Inhaltsverzeichnis

Einleitende Worte

Diese Skripte zur Mathematik sind im Rahmen des Gymnasialunterrichts entstanden. Sie können als eigenständiges Lern- und Übungsmaterial eingesetzt werden. Sie sind jedoch primär als *unterrichtsbegleitendes Material* konzipiert. Eine Einführung und Anleitung durch eine Lehrperson wird daher empfohlen.

Die Skripte enthalten *Lückentexte*. Sie dienen der Festigung des erworbenen Wissens und sollten im Plenum mit der gesamten Klasse ausgefüllt werden. Diese handschriftlichen Einträge helfen, die Schlüsselbegriffe und Aussagen zu verinnerlichen und Herleitungen und Beweise besser nachzuvollziehen.

Zu den Übungen

Um den Stoff zu vertiefen und zu festigen, halte ich es für unerlässlich, dass die Schülerinnen und Schüler eine Vielzahl von Übungen lösen. Die Skripte enthalten daher viele Übungen, die nicht nur das Erlernte festigen, sondern auch inner- und aussermathematische Anwendungen aufzeigen. Einige Übungen sind bewusst anspruchsvoller gestaltet und gehen über den üblichen Lehrstoff hinaus, können jedoch bei Bedarf übersprungen werden. Ein Stern ★ markiert, dass es sich bei der Aufgabe um eine zusätzliche Übung handelt, die über den obligatorischen Lernstoff hinausgeht. Im Folgenden werden die unterschiedlichen Übungstypen kurz erläutert.

Einstiegsbeispiel

Ein Einführungsbeispiel stellt eine Aufgabe dar, die eine neu einzuführende Thematik exemplarisch vorstellt. Diese Aufgabe soll die grundlegenden Begriffe der neuen Thematik vorwegnehmen und damit einführen. Dabei darf die Aufgabe einen gewissen Anspruch haben. Ein gemeinsames Lösen dieser Aufgaben im Plenum oder eine detaillierte Besprechung empfiehlt sich, um das Verständnis zu fördern.

Grundaufgaben

Eine Grundaufgabe ist eine Übungsaufgabe, die von den Schülerinnen und Schülern routiniert und sicher gelöst werden sollte. Durch die Bearbeitung mehrerer dieser Aufgaben sollen die Lernenden die Struktur verstehen und sich mit dem Lösungsweg vertraut machen, um ihn anschliessend situationsbezogen bei weiterführenden Aufgaben anwenden zu können.

Erarbeitungsaufgaben

Erarbeitungsaufgaben sind konzipiert, um den Lernstoff zu entwickeln und die Schülerinnen und Schüler konstruktivistisch an die neue Theorie heranzuführen.

Anwendungsaufgaben

Das erworbene theoretische Wissen hat in der Regel sowohl inner- als auch aussermathematische Anwendungen. Anwendungsaufgaben sollen die Fähigkeit zur Mathematisierung fördern und die Anwendbarkeit des Gelernten verdeutlichen.

Beweisaufgaben

In Beweisaufgaben lernen die Schülerinnen und Schüler, selbstständig einfache Beweise zu führen.

Zu den Titelbildern

Die Titelblätter bieten die Möglichkeit, verschiedene Aspekte der Mathematik mit den Schülerinnen und Schülern zu thematisieren. Dies umfasst insbesondere folgende Bereiche:

Mathematik und Ästhetik

Mathematik und Kunst stehen auf vielfältige Weise in Beziehung. Ihre Verbindung zeigt sich in Musik, Malerei, Architektur, Skulptur und Textilgestaltung etc. Die Titelblätter zielen darauf ab, die Schönheit der Mathematik anhand der bildenden Kunst aufzuzeigen.

Rechenhilfsmittel

„Es ist unwürdig, die Zeit von hervorragenden Leuten mit knechtischen Rechenarbeiten zu verschwenden, weil bei Einsatz einer Maschine auch der Einfältigste die Ergebnisse sicher hinschreiben kann." G. W. Leibniz (1673).
Der Mensch hat bereits in der Frühzeit Rechenhilfsmittel entwickelt, angefangen vom Kerbholz über mechanische Rechenmaschinen bis hin zu analogen und digitalen Computern. Die Titelblätter illustrieren diese Entwicklung.

Geschichte der Mathematik

Die Geschichte der Mathematik reicht zurück bis ins Altertum und den Anfängen des Zählens in der Jungsteinzeit. Mathematik wurde und wird in allen Kulturkreisen praktiziert. Die Titelblätter thematisieren bedeutende Werke der Mathematik sowie herausragende Mathematikerinnen und Mathematiker, die die Entwicklung dieser Disziplin massgeblich beeinflusst haben.

Zu den Inhalten

Allgemeines

Die Aufteilung des Stoffes in mehrere Skripte dient der Flexibilität bei der Gestaltung des Unterrichts. Da Mathematik eine stark hierarchische Struktur aufweist, kann der Stoff nicht in beliebiger Reihenfolge bearbeitet werden. Die Skripte sind in einer möglichen Bearbeitungsreihenfolge angeordnet.

Die Skripte in diesem Sammelband behandeln Inhalte des fortgeschrittenen Curriculums. Dementsprechend werden bei allen grundlegende mathematische Kenntnisse vorausgesetzt. Dazu gehören Kenntnisse in Arithmetik und Algebra: Termumformungen, Gleichungen (insbesondere lineare und quadratische), Potenzen und Logarithmen usw. Zudem sollten die elementaren Funktionstypen (lineare, quadratische, Polynom- und Potenzfunktionen, Exponentialfunktionen und trigonometrische Funktionen etc.) bekannt sein.

Im Folgenden wird kurz dargelegt, welches spezifische Vorwissen für jede Einheit zusätzlich erforderlich ist.

Numerische Lösungsverfahren

Behandelter Stoff

Das Bisektionsverfahren, das Sekantenverfahren, die Regula falsi, das Tangentverfahren und das Fixpunktverfahren werden erläutert und in Übungen praktisch angewendet.

Notwendiges Vorwissen

Das Tangentenverfahren erfordert zusätzlich zu den bereits genannten Kenntnissen die Fähigkeit der Schülerinnen und Schüler, Funktionen *ableiten* (differenzieren) zu können.

Vollständige Induktion

Behandelter Stoff

Das Beweisverfahren der vollständigen Induktion wird vorgestellt und anhand von Beispielen
erläutert. Danach wird es in zahlreichen Übungsaufgaben angewendet.

Notwendiges Vorwissen

Es werden keine mathematischen Fähigkeiten über das bereits erwähnte grundlegende Vorwissen
hinaus vorausgesetzt. Vertrautheit mit den Konzepten von Folgen und Reihen ist jedoch von Vorteil.

Konvergenz

Behandelter Stoff

Die Begriffe Monotonie, Beschränktheit und Konvergenz werden eingeführt und ihre Zusammenhänge untersucht. Die Konvergenz von Reihen wird mithilfe der Epsilon-Umgebung präzise
definiert. Die Konvergenz von Reihen wird durch die Anwendung von Konvergenzkriterien
untersucht. Des Weiteren werden die Konvergenz und Stetigkeit von reellen Funktionen untersucht,
wobei insbesondere auch die Regel von Bernoulli – de l'Hôpital besprochen wird.

Notwendiges Vorwissen

Die Schülerinnen und Schüler sollten mit den Konzepten der Folgen und Reihen vertraut sein. Eine
vorherige intuitive Einführung in die Konvergenz wird empfohlen. Zudem sollten sie in der Lage
sein, Funktionen abzuleiten.

Potenz- und Taylorreihen

Behandelter Stoff

Das Konzept der Potenzreihen und ihres Konvergenzradius wird eingeführt. Als Anwendung werden
die MacLaurinsche Reihe und die allgemeinere Taylorreihe sowie deren Eigenschaften studiert.

Notwendiges Vorwissen

Für das Studium der Konvergenz von Potenzreihen ist es erforderlich, dass die Konvergenzkriterien
von Reihen bekannt sind. Sollten ausschliesslich MacLaurinsche Reihen und Taylorreihen untersucht
werden, so wird lediglich vorausgesetzt, dass die Schülerinnen und Schüler in der Lage sind,
Funktionen abzuleiten.

Fourierreihen

Behandelter Stoff

Fourierreihen und ihre Anwendungen werden diskutiert. Periodische Funktionen werden als
Fourierreihen dargestellt, und die Fourierkoeffizienten werden berechnet und hergeleitet. Dabei
werden die Symmetrieeigenschaften der sinusoiden Funktionen intensiv betrachtet. Abschliessend
wird kurz auf die Eigenschaften der Fouriertransformation eingegangen.

Notwendiges Vorwissen

Die Schülerinnen und Schüler müssen mit den Konzepten der Differential- und Integralrechnung
sowie den trigonometrischen Funktionen vertraut sein.

Differentialgleichungen

Behandelter Stoff

Das Konzept der Differentialgleichung wird eingeführt und sie werden klassifiziert. Das Lösen von Differentialgleichungen erfolgt mit verschiedenen Methoden: Lösungsansatz, Separation der Variablen und mithilfe des charakteristischen Polynoms. Insbesondere werden lineare Differentialgleichungen im Detail diskutiert, einschliesslich inhomogener Differentialgleichungen. Zusätzlich werden numerische Verfahren wie das Euler-Verfahren und das Runge-Kutta-Verfahren angewendet, um komplexere Differentialgleichungen zu lösen. Die Lösungsschar wird durch Richtungsfelder visualisiert, und erste Anwendungen werden gelöst.

Notwendiges Vorwissen

Die Schülerinnen und Schüler müssen mit den Konzepten der Differential- und Integralrechnung bekannt sein.

Differentialgleichungen in der Physik

Behandelter Stoff

Anwendungen von Differentialgleichungen in der Physik werden diskutiert. Dabei werden insbesondere Bewegungsgleichungen und elektrische Schaltkreise im Detail behandelt. Des Weiteren werden Themen wie Wärmeleitung und das Ausfliessen von Wasser aus Gefässen besprochen.

Notwendiges Vorwissen

Die Schülerinnen und Schüler müssen in der Lage sein, Differentialgleichungen sowohl mit der Methode der Separation der Variablen als auch mithilfe des charakteristischen Polynoms zu lösen, einschliesslich inhomogener Differentialgleichungen.

Vektoranalysis

Behandelter Stoff

Dieses Dossier bietet eine vergleichsweise einfache Einführung in das schwierige Thema der Vektoranalysis. Dabei werden die Begriffe des Vektor- und des Skalarfeldes eingeführt. Die drei Integrale in Feldern (Kurvenintegral, Flächenintegral, Volumenintegral) werden definiert. Ebenso werden die drei Differentialoperatoren (Gradient, Divergenz und Rotation) vorgestellt. Die Relationen zwischen diesen Grössen (Integralsatz von Gauss und Integralsatz von Stokes) werden erläutert. Die gewonnenen Erkenntnisse werden auf Phänomene der Elektrodynamik angewandt wie die Maxwellgleichungen (das Maxwell-Gesetz, das Induktionsgesetz, die Wellengleichung und die Kontinuitätsgleichung).

Notwendiges Vorwissen

Gute Kenntnisse in Vektorrechnung sowie Differential- und Integralrechnung werden vorausgesetzt. Für das Verständnis der physikalischen Anwendungen sind Kenntnisse in der Elektrizitätslehre (elektrische Felder, magnetische Felder und deren Eigenschaften, Arbeit in Feldern usw.) notwendig.

Analysis

Numerische Lösungsverfahren

Aufgabe 1: Löse folgende Gleichungen:

   a) $5 - x = 25 + 3x - 4$

   b) $x^2 - 7x - 120 = 0$

   c) $\dfrac{4x-1}{x+1} = \dfrac{x-1}{4x+1}$

   d) $\dfrac{4x+5}{x-3} = \dfrac{17}{x-3}$

   e) $36x^4 - 25x^2 + 4 = 0$

   f) $2x^3 + 4x^2 - 6x = 0$

   g) $x^3 - 2x^2 - 8x - 5 = 0$

   h) $2x^3 + 4x^2 - 6x - 1 = 0$

Numerische Verfahren

Es gibt zwei Haupttypen von Lösungsverfahren: zum einen direkte Methoden, die durch endliche, exakte Rechenschritte die genaue Lösung eines Problems liefern, und zum anderen Näherungsverfahren, die lediglich Approximationen bieten.

Im Mathematikunterricht sind wir es gewohnt, exakte Lösungen analytisch zu berechnen. Mit Hilfe von numerischen Verfahren können näherungsweise Lösungen von Gleichungen berechnet werden.

Interesse an solchen Verfahren besteht meist aus einem der folgenden Gründe:

- Die Gleichung besitzt keine explizite Lösung oder

- eine vorhandene explizite Lösung ist nicht praktikabel für eine schnelle Berechnung oder liegt in einer Form vor, in der sich Rechenfehler stark bemerkbar machen.

In praktischen Anwendungen, in denen Lösungen nur mit endlicher Genauigkeit benötigt werden, kann ein iteratives[1] Verfahren trotz der Existenz einer direkten Methode sinnvoller sein, wenn es innerhalb kürzerer Zeit eine hinreichende Genauigkeit liefert.

---

[1] Iteration (von lat. iterare, wiederholen) beschreibt allgemein einen Prozess mehrfachen Wiederholens gleicher oder ähnlicher Handlungen zur Annäherung an eine Lösung oder ein bestimmtes Ziel.

Das Bisektionsverfahren

Einführung

Es wird eine Zahl zwischen 1 und 1000 gesucht. Ein Spieler versucht, diese Zahl zu erraten, wobei er lediglich die Rückmeldungen „grösser", „kleiner" oder „Treffer" erhält. Angenommen, die gesuchte Zahl ist 512. Wenn der Spieler das Bisektionsverfahren der binären Suche anwendet, entwickelt sich der folgende Dialog:

> 500 – grösser
> 750 – kleiner
> 625 – kleiner
> 562 – kleiner
> 531 – kleiner
> 515 – kleiner
> 507 – grösser
> 511 – grösser
> 513 – kleiner
> 512 – Treffer

Hätte der Spieler stattdessen linear gesucht und bei 1 begonnen, so hätte der Dialog folgenden Verlauf genommen:

> 1 – grösser
> 2 – grösser
> ...
> 511 – grösser
> 512 – Treffer

Statt zehn Fragen hätte er also 512 Fragen gebraucht, das Bisektionsverfahren ist hier also deutlich effizienter.

Zwischenwertsatz

Gesucht ist eine Lösung der Gleichung $f(x) = 0$. Das Bisektionsverfahren ist eine numerische Methode zur Bestimmung einer Nullstelle. Es basiert auf dem

Zwischenwertsatz: Sei $f: [a, b] \rightarrow \mathbb{R}$ stetig und $f(a) < 0$ und $f(b) > 0$, dann existiert eine Zwischenstelle $x_N \in \,]a, b[$ mit $f(x_N) = 0$.

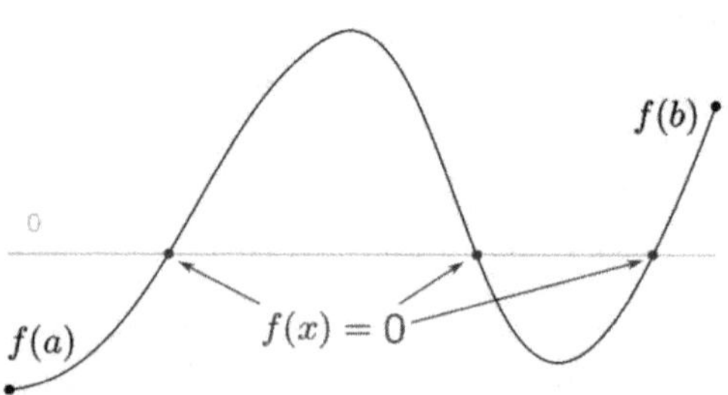

Der Algorithmus

Bestimmen für eine im abgeschlossenen Intervall $I = [a, b]$ stetige Funktion f eine Stelle x_N, für die gilt: $f(x_N) = 0$.

Wähle $a_0, b_0 \in I$ mit $f(a_0) < 0$ und $f(b_0) > 0$.

Dann iteriere für $i = 0, 1, 2, …, k$

- $x_i := \dfrac{a_i + b_i}{2}$

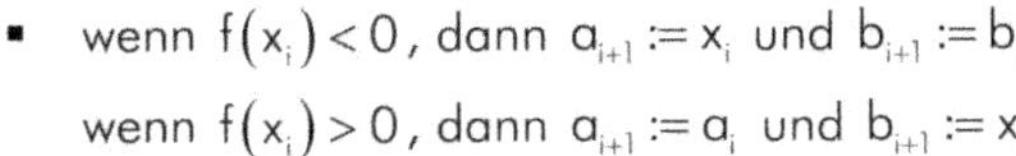

- wenn $f(x_i) < 0$, dann $a_{i+1} := x_i$ und $b_{i+1} := b_i$

  wenn $f(x_i) > 0$, dann $a_{i+1} := a_i$ und $b_{i+1} := x_i$

$x_N \approx x_{k+1}$

Beispiel

Löse die Gleichung $x^5 - 8 = 0$

$$a_0 = 1 \qquad b_0 = 1 \qquad x_0 = 1{,}5$$

$$f(x_0) = f(1{,}5) = 1{,}5^5 - 8 = -0{,}406$$

$$a_1 = 1{,}5 \qquad b_1 = 2 \qquad x_1 = 1{,}75$$

$$f(1{,}75) = 8{,}4\dots$$

$$a_2 = 1{,}5 \qquad b_2 = 1{,}75 \qquad x_2 = 1{,}625$$

$$f(1{,}625) = 3{,}33\dots$$

$$a_3 = 1{,}5 \qquad b_3 = 1{,}625 \qquad x_3 = 1{,}5625$$

$$\vdots$$

$$x = 1{,}515738\dots$$

Das Sekantenverfahren

Der Algorithmus

Bestimmen für eine im abgeschlossenen
Intervall I stetige Funktion f eine Stelle x_N,
für die gilt: $f(x_N) = 0$.

Wähle zwei Startwerte x_0 und x_1 in I und
iteriere für $i = 1, 2, \ldots, k$

$$x_{i+1} := x_i - f(x_i)\frac{x_i - x_{i-1}}{f(x_i) - f(x_{i-1})}$$

$x_N \approx x_{k+1}$

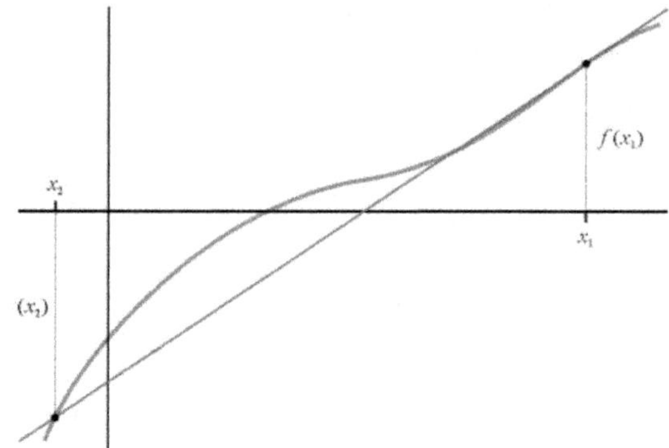

Herleitung

$$\Delta x = x_i - x_{i-1}$$
$$\left.\Delta y = f(x_i) - f(x_{i-1})\right\} \quad m = \frac{\Delta y}{\Delta x}$$

$$\text{Gerade} \quad y = mx + q$$
$$f(x_i) = mx_i + q$$
$$\Rightarrow q = f(x_i) - m \cdot x_i$$
$$y = mx - mx_i + f(x_i)$$
$$\text{Nullstelle} \quad 0 = mx_{i+1} - mx_i + f(x_i)$$

$$m\,x_{i+1} = mx_i - f(x_i)$$
$$x_{i+1} = x_i - \frac{1}{m} f(x_i)$$
$$= x_i - f(x_i) \frac{x_i - x_{i-1}}{f(x_i) - f(x_{i-1})}$$

Beispiel

Löse die Gleichung $x^5 - 8 = 0$

$$f(x) = x^5 - 8$$
$$x_0 = 1 \qquad x_1 = 2$$
$$f(1) = -7 \qquad f(2) = 32 - 8 = 24$$
$$x_2 = 2 - 24 \frac{2-1}{24 - (-7)} = 1{,}2258$$

$$x_1 = 2 \qquad x_2 = 1{,}2258$$
$$f(2) = 24 \qquad f(1{,}2258) = -5{,}232\ldots$$
$$x_3 = 1{,}36438\ldots$$
$$\vdots$$

Regula falsi[2]

Das Regula-falsi-Verfahren ist eine Methode zur numerischen Berechnung von Nullstellen reeller Funktionen. Es kombiniert Methoden vom Sekantenverfahren und des Bisektions-verfahren.

Der Algorithmus

Bestimme für eine im abgeschlossenen Intervall I stetige Funktion f eine Stelle x_N, für die gilt: $f(x_N) = 0$.

Wähle $a_0, b_0 \in I$ mit $f(a_0) < 0$ und $f(b_0) > 0$. Dann iteriere für $i = 0, 1, 2, \ldots, k$

- $$x_i := b_i - f(b_i)\frac{b_i - a_i}{f(b_i) - f(a_i)}$$

- wenn $f(x_i) < 0$, dann $a_{i+1} := x_i$ und $b_{i+1} := b_i$

  wenn $f(x_i) > 0$, dann $a_{i+1} := a_i$ und $b_{i+1} := x_i$

$x_N \approx x_{k+1}$

Beispiel

Löse die Gleichung $x^5 - 8 = 0$

$$a_0 = 1 \qquad b_0 = 2$$

$$f(1) = -7 \qquad f(2) = 24$$

$$x_0 = 1{,}2258\ldots \qquad f(1{,}2258\ldots) = -5{,}232 < 0$$

$$a_1 = 1{,}2258\ldots \qquad b_1 = 2$$

$$x_1 = 1{,}364\ldots \qquad f(1{,}364\ldots) = -3{,}27\ldots < 0$$

$$a_2 = 1{,}364\ldots \qquad b_2 = 2$$

$$x_2 \quad 1{,}4406\ldots$$

$$\vdots$$

$$x_N \approx 1{,}5157\ldots$$

Das Tangentenverfahren nach Newton-Raphson

Beim Sekantenverfahren wird die Funktion durch eine lineare Funktion mit der Steigung der Sekanten genähert. Beim Newton-Raphson-Verfahren wird die Steigung mit der Tangente an die Funktion geschätzt.

Der Algorithmus

Man wählt einen Startwert x_0. Im Punkt $\left(x_0 \mid f(x_0)\right)$ legt man die Tangente an den Graphen. Sie schneidet die x-Achse an der Stelle x_1, die einen besseren Näherungswert für die Nullstelle x_N ergibt. Iterieren für $i = 1, 2, \ldots, k$

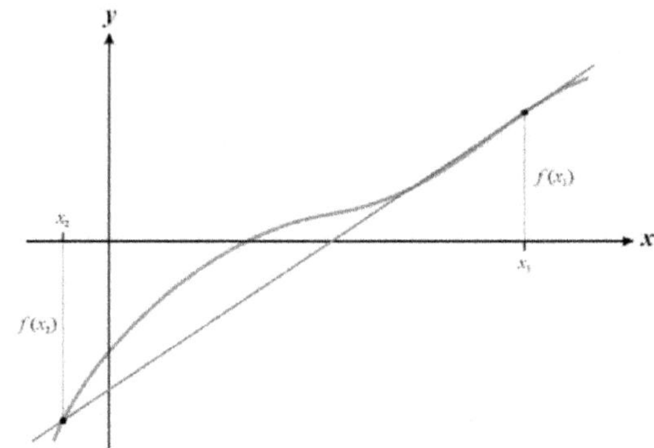

$$x_{i+1} = x_i - \frac{f(x_i)}{f'(x_i)}$$

$$x_N \approx x_{k+1}$$

Herleitung

vgl. Sekantenverfahren

einzig gilt neu: $\quad m = f'(x_i)$

$$x_{i+1} = x_i - f(x_i)\, m = x_i - \frac{f(x_i)}{f'(x_i)}$$

Beispiel

Löse die Gleichung $x^5 - 8 = 0$

$$x_0 = 1 \quad f(1) = -7 \quad f'(1) = 5 \cdot 1^4 = 5$$

$$x_1 = 1 - \frac{-7}{5} = 2{,}4$$

$$f(2{,}4) = 71{,}62\ldots \quad f'(2{,}4) = 165{,}88\ldots$$

$$x_2 = 1{,}968\ldots$$

$$f(1{,}968\ldots) = 21{,}63\ldots \quad f'(1{,}968\ldots) = 75{,}03\ldots$$

$$x_3 = 1{,}681\ldots$$

$$\vdots$$

$$x_N = 1{,}5157\ldots$$

Das Fixpunktverfahren

Der Algorithmus

Die Gleichung, die gelöst werden soll, wird zuerst nach x aufgelöst, d.h. die Gleichung
wird in die Fixpunktform $g(x) = x$ gebracht.

Anschliessend wird eine Startnäherung x_0 gewählt
und $g(x_0)$ berechnet. Dieser Wert wird als neues
x_1 genommen:
$x_1 = g(x_0)$.

Iteriere für i = 0, 1, 2, …, k

$$x_{i+1} := g(x_i)$$

$x_N \approx x_{k+1}$

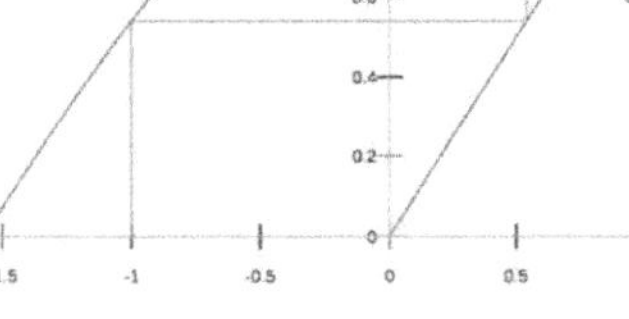

Beispiele

Löse die Gleichung $\cos(x) - x = 0$ (vgl. Figur)

Bringe die Gleichung in Fixpunktform: $x = \cos(x)$ und wähle den Startwert $x_0 = -1$

$$x_0 = -1 \qquad \cos(-1) = 0{,}5403\dots$$
$$x_1 = 0{,}5403\dots \qquad \cos(0{,}5403\dots) = 0{,}8575\dots$$
$$x_2 = 0{,}8575\dots \qquad \cos(0{,}8575\dots) = 0{,}6542\dots$$
$$\vdots$$

Löse die Gleichung $x^6 - x - 1 = 0$

Wir bringen die Gleichung in Fixpunktform: $x = \sqrt[6]{x+1}$

$$x_0 = 1 \qquad \sqrt[6]{1+1} = 1{,}12\dots$$
$$x_1 = 1{,}12\dots \qquad \sqrt[6]{1{,}12+1} = 1{,}1336\dots$$
$$x_2 = 1{,}1336\dots \qquad \sqrt[6]{1{,}1336+1} = 1{,}1346\dots$$
$$\vdots$$

Aufgaben

Aufgabe 2: Löse folgende Gleichungen mit dem Bisektionsverfahren, der Sekanten-
methode, der Regula falsi, dem Tangentenverfahren und dem Fixpunktverfahren
auf drei Stellen nach dem Komma.

a) $x^2 - 2 = 0$ b) $x^3 = \sqrt{x^2 + 1}$

c) $x + 1 = 3 \cdot \sin(x)$ d) $x^3 - 3x + 1 = 0$

Aufgabe 3: Programmiere die fünf Verfahren zum Lösen von Gleichungen mit Python
und/oder einem Tabellenkalkulationsprogramm.

Lösungen

1. a) $L = \{-4\}$
    b) $L = \{-8, 15\}$
    c) $L = \{0\}$
    d) $L = \{\ \}$
    e) $L = \{-{}^2/_3, -{}^1/_2, {}^1/_2, {}^2/_3\}$
    f) $L = \{-3, 0, 1\}$
    g) $L \approx \{-1.193, -1, 4.193\}$
    h) $L \approx \{1.110, -2.957, -0.152\}$

2. a) $L = \{1.414, -1.414\}$
    b) $L = \{1.151\}$
    c) $L = \{-2.585, 0.538, 1.868\}$
    d) $L = \{1.532, -1.879, 0.347\}$

3. –

Bildquellen

Seite 2   „Zwischenwertsatz" von Stephan Kulla via Wikimedia Commons (Public Domain)

Seite 3   „Bisektionsverfahren" von Ralf Pfeifer via Wikimedia Commons (Creative Commons BY-SA 3.0)

Seite 4   „Sekantenverfahren" von Ralf Pfeifer via Wikimedia Commons (Creative Commons BY-SA 3.0)

Seite 6   „Tangentenverfahren" von Ralf Pfeifer via Wikimedia Commons (Creative Commons BY-SA 3.0)

Seite 7   „Fixpunktverfahren" von Tinctorius / EdC via Wikimedia Commons (Creative Commons BY-SA 3.0)

Alle restlichen Grafiken von Christian Wyss (Creative Commons BY-SA 4.0)

Die Creative Commons Lizenzen sind unter https://creativecommons.org/ erhältlich.

Das vorliegende Skript wurde von Dr. Christian Wyss erstellt und ist unter www.mathema.ch zu beziehen.

Analysis
Vollständige Induktion

Deduktion und Induktion

Als **Aussagen** bezeichnet man in der Logik sprachliche Gebilde, bei denen es sinnvoll ist zu fragen, ob sie wahr oder falsch sind.

Man unterscheidet allgemeine und spezielle Aussagen.

Beispiele für *allgemeine Aussagen*:
- Die Winkelsumme im Dreieck beträgt $180°$.
- Jeder Leiter erfüllt das Ohmsche Gesetz.
- Alle Schwäne sind weiss.[1]
- „Es hat einer von ihnen gesagt, ihr eigener Prophet: Die Kreter sind immer Lügner, böse Tiere und faule Bäuche."[2]

Beispiele für *spezielle Aussagen* sind:
- In einem Dreieck betragen die Winkel $\alpha = 20°$, $\beta = 55°$ und $\gamma = 105°$.
- Strom, Spannung und Widerstand an einem Leiter wurden gemessen. Es ergaben sich folgende Werte: $I = 200$ mA, $U = 12$ V, $R = 60\ \Omega$
- Das Gedicht Funeral Blues wurde von W. H. Auden geschrieben.

Den Übergang von allgemeinen zur speziellen Aussage nennt man **Deduktion**.

Beispiel: P_M Alle Menschen sind sterblich.
                 P_m Sokrates ist ein Mensch.
                 C Also ist Sokrates sterblich.

Die Deduktion stellt kein grundlegendes Problem dar. Sie ist ein logisches Schlussverfahren, das immer anwendbar ist. Die Deduktion aus richtigen Aussagen ist stets richtig[3].

Den Übergang von speziellen zu allgemeinen Aussagen nennt man **Induktion**. In den Naturwissenschaften ist die Induktion unentbehrlich. So stellt etwa die Physik oder die Chemie auf Grund von Experimenten allgemeine Gesetze auf. In der Medizin wird versucht durch Testreihen die Nebenwirkungen eines Medikamentes zu erforschen. Je mehr Einzelfälle untersucht werden, umso sicherer erscheint das allgemeine Gesetz. Die Induktion ist jedoch mit einem grundlegenden Problem behaftet. Absolute Gültigkeit ist nicht zu erreichen, da die allgemeine Aussage nie für alle speziellen Fälle überprüft werden kann.

---

[1]   In Anlehnung an Karl Popper. Sind tatsächlich alle Schwäne weiss?
[2]   Die Bibel: Titus 1,12
[3]   Dies gilt natürlich nur, wenn kein Fehlschluss gezogen wird, also eine ungültige Form deduktiven Schliessens.

Aufgabe 1: Berechne $1+3$, $1+3+5$, $1+3+5+7$, $1+3+5+7+9$, ...
   Vermute eine allgemeine Aussage. Kannst du diese beweisen oder widerlegen?

Aufgabe 2: Untersuchte die Zahlen der Form $T(n) = n^2+n+41$ $n \in \mathbb{N}$ auf ihre Teiler.
   Berechne dazu $T(0)$, $T(1)$, $T(2)$, $T(3)$, ... und vermute eine allgemeine Aussage. Kann
   man sie beweisen oder widerlegen?

Die zwei betrachteten Beispiele zeigen uns, dass eine Aussage in speziellen Fällen zwar
richtig, aber dennoch allgemein falsch sein kann. Da es unmöglich alle Einzelfälle
untersucht werden können, braucht man eine Beweismethode, mit der man eine Aussage
auf ihre allgemeine Gültigkeit untersuchen kann.

In der Mathematik ist es in vielen Fällen möglich, eine **vollständige Induktion**[4] durch-
zuführen. Da diese Induktion vollständig ist, also für alle einzelnen Fälle gilt, ist ein
allgemeingültiger Beweis einer allgemeinen Aussage möglich.

Das Prinzip der vollständigen Induktion

Ist $A(n)$ eine Aussage über natürliche Zahlen, und will man die Wahrheit von $A(n)$ für alle
natürlichen Zahlen n Beweisen, so zeigt man:

1. $A(1)$ ist wahr.   **(Verankerung)**

2.   Und falls $A(n)$ wahr ist, so ist auch $A(n+1)$ wahr.   **(Vererbung)**

Beispiel

Wir betrachten die Folge

   1, $1+3$, $1+3+5$, $1+3+5+7$, $1+3+5+7+9+...+(2 \cdot n - 1)$

   $1 = 1^2$, $1+3 = 4 = 2^2$, $1+3+5 = 9 = 3^2$, $1+3+5+7 = 16 = 4^2$

Vermutung: $A(n)$: $1 + 3 + 5 + ...+ (2n - 1) = n^2$ für $n \in \mathbb{N}$

Verankerung: Wir zeigen, dass die Aussage für eine bestimmte
   natürliche Zahl $(n=1)$ richtig ist.

$$A(1): \quad 1 = 1^2 \checkmark \quad A(2): 1+3 = 4 = 2^2 \checkmark \quad A(3) = 1+3+5 = 9 = 3^2$$

Vererbung: Wir zeigen nun, dass falls $A(n)$ richtig ist, so folgt, dass $A(n+1)$ richtig ist:

$$A(n): \quad 1 + 3 + 5 + ... + (2n-1) = n^2$$

$$A(n+1): \quad \underbrace{1 + 3 + 5 + ... + (2n-1)}_{n^2} + (2(n+1)-1) = n^2 + (2n + 2 - 1)$$

$$= n^2 + 2n + 1 = (n+1)^2 \quad \checkmark \quad \square!$$

---

[4] Die vollständige Induktion ist – im Gegensatz zu Induktion – ein deduktives Verfahren, da der Beweis für alle (!) speziellen Fälle gilt.

Aufgabe 3: Zeige, dass die Summe der ersten n natürlichen Zahlen $\frac{1}{2}\cdot n\cdot(n+1)$ ist.

Aufgabe 4: Beweise für $n \in \mathbb{N}$:
  a) $9^n - 1$ ist durch 8 teilbar $\qquad\qquad$ b) $10^n - 1$ ist durch 9 teilbar
  c) $11^{n+2} + 12^{2n+1}$ ist durch 133 teilbar $\qquad$ d) $n^3 + 2n$ ist durch 3 teilbar
  e) $7^{2n} - 2^n$ ist durch 47 teilbar

Aufgabe 5: Beweise mit Hilfe der vollständigen Induktion:

  a) $\displaystyle\sum_{i=1}^{n} i^2 = 1^2 + 2^2 + 3^2 + \ldots n^2 = \frac{1}{6}\cdot n\cdot(n+1)\cdot(2n+1)$ $\qquad$ für $\quad n \geq 1$

  b) $\displaystyle\sum_{i=1}^{n} \frac{1}{i\cdot(i+1)} = \frac{1}{1\cdot 2} + \frac{1}{2\cdot 3} + \ldots + \frac{1}{n\cdot(n+1)} = \frac{n}{n+1}$ $\qquad$ für $\quad n \geq 1$

  c) $\displaystyle\prod_{i=2}^{n} \left(1 - \frac{1}{i^2}\right) = \left(1 - \frac{1}{4}\right)\cdot\left(1 - \frac{1}{9}\right)\cdot\ldots\cdot\left(1 - \frac{1}{n^2}\right) = \frac{n+1}{2\cdot n}$ $\qquad$ für $\quad n \geq 2$

Aufgabe 6: In wie vielen Punkten können sich n Geraden maximal schneiden? Stelle eine allgemeine Formel auf und beweise sie anschliessend.

Aufgabe 7: Beweise:

  a) $\displaystyle 1^3 + 2^3 + 3^3 + 4^3 + \ldots + n^3 = \frac{n^2\cdot(n+1)^2}{4}$

  b) $1 + 3 + 5 + 7 + 9 + \ldots + 2n-1 = n^2$

  c) $\displaystyle \frac{1}{2\cdot 5} + \frac{1}{5\cdot 8} + \frac{1}{8\cdot 11} + \ldots + \frac{1}{(3n-1)\cdot(3n+2)} = \frac{n}{6n+4}$

  d) $1\cdot 1! + 2\cdot 2! + 3\cdot 3! + \ldots + n\cdot n! = (n+1)! - 1$

Aufgabe 8: Schwierige Aufgaben. Beweise:
  a) $n! > 2^n$ für $n \geq 4$ $\qquad$ b) $\quad 2^n > n^2$ für $n \geq 5$

Aufgabe 9: Zeige, dass bei der Aussage $s_n = 1+2+3+ \ldots + n = \frac{1}{8}\cdot(2n+1)^2$ zwar der Induktionsschluss vollzogen werden kann, dass aber die Formel trotzdem falsch ist, weil sie für keinen Wert von $n \in \mathbb{N}$ verankert werden kann.

Aufgabe 10: Das Spiel *Die Türme von Hanoi*
besteht aus drei gleich grossen Stäben
A, B und C, auf die mehrere gelochte
Scheiben gelegt werden, alle verschie-
den gross. Zu Beginn liegen alle
Scheiben auf Stab A, der Grösse nach
geordnet, mit der grössten Scheibe
unten und der kleinsten oben. Ziel des
Spiels ist es, den kompletten Scheiben-
Stapel von A nach C zu versetzen.

Bei jedem Zug darf die oberste Scheibe eines beliebigen Stabes auf einen der beiden
anderen Stäbe gelegt werden, vorausgesetzt, dort liegt nicht schon eine kleinere
Scheibe. Folglich sind zu jedem Zeitpunkt des Spieles die Scheiben auf jedem Feld der
Grösse nach geordnet.

Wie viele Züge braucht es bei optimaler Strategie bei n Scheiben? Gib eine explizite
und eine rekursive Formel an. Beweise die explizite Formel mit Hilfe der vollständigen
Induktion.

Aufgabe 11: Die Fibonacci-Folge ist die unendliche Folge von natürlichen Zahlen, die mit
zweimal der Zahl 1 beginnt. Im Anschluss ergibt jeweils die Summe zweier
aufeinanderfolgender Zahlen die unmittelbar danach folgende Zahl:

$$1,\ \underset{1+1}{1},\ \underset{1+2}{2},\ \underset{2+3}{3},\ \underset{3+5}{5},\ \underset{5+8}{8},\ 13,\ \dots$$

Die darin enthaltenen Zahlen heissen Fibonacci-Zahlen. Benannt ist die Folge nach
Leonardo Fibonacci, der damit im Jahr 1202 das Wachstum einer Kaninchen-
population beschrieb. Die Folge war aber schon in der Antike sowohl den Griechen
als auch den Indern bekannt. Rekursiv schreiben wir also:

Verankerung: $\qquad f_1 = f_2 = 1$

Rekursion: $\qquad f_{n+1} = f_n + f_{n-1}$

Die Fibonacci-Zahlen lassen sich direkt mittels

$$f_n = \frac{\Phi^n - \Psi^n}{\Phi - \Psi} \qquad n \in \mathbb{Z}$$

berechnen, wobei Φ und Ψ die beiden Lösungen der Gleichung $x^2 - x - 1 = 0$ sind.

$$\Phi = \frac{1 + \sqrt{5}}{2} \quad \text{und} \quad \Psi = \frac{1 - \sqrt{5}}{2}$$

Die Fibonacci-Folge wird also wie folgt explizit dargestellt:

$$f_n = \frac{\Phi^n - \Psi^n}{\Phi - \Psi} = \frac{1}{\sqrt{5}}\left(\left(\frac{1+\sqrt{5}}{2}\right)^n - \left(\frac{1-\sqrt{5}}{2}\right)^n\right)$$

Bemerkenswert ist das Zusammenspiel zweier irrationaler Zahlen Φ und Ψ, das zu einem ganzzahligen Ergebnis führt.

a) Berechne das 10., 30. und 100. Glied der Fibonacci-Folge.

b) Zeige, dass Φ und Ψ die Lösungen der Gleichung $x^2 - x - 1 = 0$ sind.

c) Zeige, dass die Gleichung $x^2 - x - 1 = 0$ äquivalent zu $1 + \frac{1}{x} = x$ ist.

d) Weshalb liefert die Formel für f_n immer ganze Zahlen?
    Rechne dazu den Wert für $n = 1$ und für $n = 2$ aus.

e) Beweis die explizite Formel mit Hilfe der vollständigen Induktion.
    Bem: Benutze beim Beweis, dass für Φ und Ψ die Identität $1 + \frac{1}{x} = x$, also $1 + \frac{1}{\Phi} = \Phi$
    und $1 + \frac{1}{\Psi} = \Psi$, gilt. Du musst auch die Potenzgesetze anwenden.

Fibonacci illustrierte diese Folge durch die einfache mathematische Modellierung des Wachstums einer Population von Kaninchen[5] nach folgenden Regeln:

- Jedes Paar Kaninchen wirft pro Monat ein weiteres Paar Kaninchen.

- Ein neugeborenes Paar bekommt erst im zweiten Lebensmonat Nachwuchs (die Austragungszeit reicht von einem Monat in den nächsten).

- Die Tiere befinden sich in einem abgeschlossenen Raum, sodass kein Tier die Population verlassen und keines von aussen hinzukommen kann.

Nebenstehend: Die Berechnung der Kaninchenaufgabe im *Liber abbaci* (1228) von Leonardo da Pisa (aka Fibonacci) am rechten Blattrand in roter Box von oben nach unten sind die Fibonacci-Zahlen 1, 2, 3, 5 bis 377 notiert.

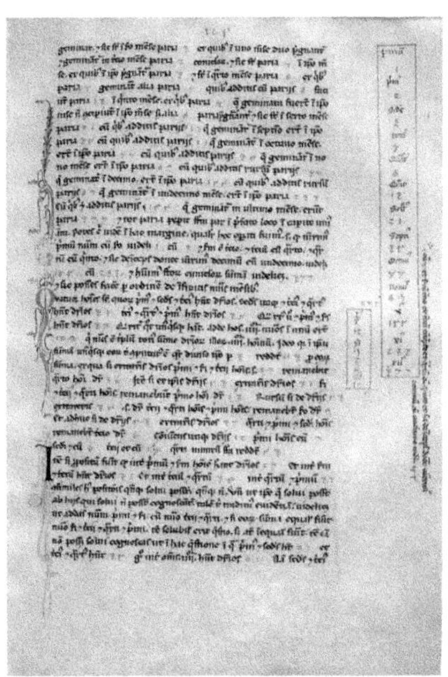

---

[5] Eine 2014 erschienene, mathematisch-historische Analyse zum Leben des Fibonacci, insbesondere zu seinem Aufenthalt in der nordafrikanischen Hafenstadt Bejaia (im heutigen Algerien), kam zu dem Schluss, dass der Hintergrund der Fibonacci-Folge gar nicht bei einem Modell der Vermehrung von Kaninchen (das Beispiel das Fibonacci selbst wählte) zu suchen ist, sondern vielmehr bei den Bienenzüchtern von Bejaia und ihrer Kenntnis des Bienenstammbaums zu finden ist. Zu Leonardos Zeit war Bejaia ein wichtiger Exporteur von Bienenwachs.

Lösungen

1. $A(n) = n^2$
   Beweis durch vollständige Induktion! (vgl. Aufgabe 7b)

2. Behauptung: $T(n)$ ist eine Primzahl!
   Widerlegen durch Gegenbeispiel: $T(40) = 1681 = 41 \cdot 41$

3. $\sum_{i=1}^{n} i = 1 + 2 + 3 + \ldots + n = \frac{1}{2} \cdot n \cdot (n+1) \quad$ für $\quad n \in \mathbb{N}$

   Verankerung für $n = 1$:
   $$1 = 1 \quad = \quad \frac{1}{2} \cdot 1 \cdot (1+1) = 1$$
   Vererbung : $n \to n+1$:
   $$1 + 2 + 3 + \ldots + n + (n+1) = \frac{1}{2} \cdot n \cdot (n+1) + (n+1) = \frac{1}{2} \cdot \left(n^2 + n + 2n + 2\right) = \frac{1}{2} \cdot \left(n^2 + 3n + 2\right) = \frac{1}{2} \cdot (n+1)(n+2) \;\square!$$

4. a) $9^n - 1$ ist durch 8 teilbar

   Verankerung $n = 1$:
   $$9^1 - 1 = 9 - 1 = 8 \quad \text{ist durch 8 teilbar!}$$
   Vererbung $n \to n+1$:
   $$9^{n+1} - 1 = 9 \cdot 9^n - 1 = \underbrace{8 \cdot 9^n}_{\substack{\text{ist durch 8} \\ \text{teilbar}}} + \underbrace{9^n - 1}_{\substack{\text{ist durch 8} \\ \text{teilbar}}} \quad \square!$$

   b) $10^n - 1$ ist durch teilbar

   Verankerung $n = 1$:
   $$10^1 - 1 = 10 - 1 = 9 \quad \text{ist durch 9 teilbar!}$$
   Vererbung $n \to n+1$:
   $$10^{n+1} - 1 = 10 \cdot 10^n - 1 = \underbrace{9 \cdot 10^n}_{\substack{\text{ist durch 9} \\ \text{teilbar}}} + \underbrace{10^n - 1}_{\substack{\text{ist durch 9} \\ \text{teilbar}}} \quad \square!$$

   c) $11^{n+2} + 12^{2n+1}$ ist durch 133 teilbar

   Verankerung $n = 1$:
   $$11^{1+2} + 12^{2 \cdot 1 + 1} = 11^3 + 12^3 = 3059 = 23 \cdot 133 \quad \text{ist durch 133 teilbar!}$$
   Vererbung $n \to n+1$:
   $$11^{(n+1)+2} + 12^{2(n+1)+1} = 11^{n+1+2} + 12^{2n+2+1} = 11 \cdot 11^{n+2} + 12^2 \cdot 12^{2n+1} =$$
   $$11 \cdot 11^{n+2} + 144 \cdot 12^{2n+1} = 11 \cdot 11^{n+2} + 11 \cdot 12^{2n+1} + 133 \cdot 12^{2n+1} =$$
   $$11 \cdot \underbrace{\left(11^{n+2} + 12^{2n+1}\right)}_{\substack{\text{ist durch 133} \\ \text{teilbar}}} + \underbrace{133 \cdot 12^{2n+1}}_{\substack{\text{ist durch 133} \\ \text{teilbar}}} \quad \square!$$

   d) $n^3 + 2n$ ist durch 3 teilbar

   Verankerung $n = 1$:
   $$1^3 + 2 = 3 \quad \text{ist durch 9 teilbar!}$$
   Vererbung $n \to n+1$:
   $$(n+1)^3 + 2(n+1) = n^3 + 3n^2 + 3n + 1 + 2n + 2 = \underbrace{n^3 + 2n}_{\text{durch 3 teilbar}} + \underbrace{3n^2 + 3n + 3}_{\text{durch 3 teilbar}} \quad \square!$$

   e) $7^{2n} - 2^n$ ist durch 47 teilbar

   Verankerung $n = 1$:
   $$7^{2 \cdot 1} - 2^1 = 49 - 2 = 47 \quad \text{ist durch 47 teilbar!}$$
   Vererbung $n \to n+1$:
   $$7^{2(n+1)} - 2^{n+1} = 7^{2n} \cdot 7^2 - 2^n \cdot 2 = 7^{2n} \cdot 7^2 - 7^2 \cdot 2^n + 7^2 \cdot 2^n - 2^n \cdot 2 =$$
   $$7^2 \cdot \underbrace{\left(7^{2n} - 2^n\right)}_{\text{durch 47 teilbar}} + 2^n \cdot \underbrace{\left(7^2 - 2\right)}_{\text{durch 47 teilbar}} \quad \square!$$

5. a) $\displaystyle\sum_{i=1}^{n} i^2 = 1^2 + 2^2 + 3^2 + \ldots n^2 = \frac{1}{6}\cdot n\cdot(n+1)\cdot(2n+1)$ für $n \geq 1$

Verankerung für n = 1:

$$1^2 = 1 \quad = \quad \frac{1}{6}\cdot 1\cdot(1+1)\cdot(2\cdot1+1) = 1$$

Vererbung : $n \to n+1$:

$$1^2 + 2^2 + 3^2 + \ldots n^2 + (n+1)^2 = \frac{1}{6}\cdot n\cdot(n+1)\cdot(2n+1) + (n+1)^2 =$$

$$\frac{n\cdot(n+1)\cdot(2n+1)}{6} + \frac{6(n+1)^2}{6} = \frac{n\cdot(n+1)\cdot(2n+1) + 6(n+1)^2}{6} =$$

$$\frac{(n+1)\cdot\left[n\cdot(2n+1)+6(n+1)\right]}{6} = \frac{(n+1)\cdot\left[2n^2+7n+6\right]}{6} = \frac{(n+1)\cdot(n+2)(2n+3)}{6}$$

$$= \frac{(n+1)\cdot\left([n+1]+1\right)\left(2[n+1]+1\right)}{6} \qquad \square !$$

b) $\displaystyle\sum_{i=1}^{n} \frac{1}{i\cdot(i+1)} = \frac{1}{1\cdot2}+\frac{1}{2\cdot3}+\ldots+\frac{1}{n\cdot(n+1)} = \frac{n}{n+1}$ für $n \geq 1$

Verankerung für n = 1:

$$\frac{1}{1\cdot2} = \frac{1}{2} \quad = \quad \frac{1}{1+1} = \frac{1}{2}$$

Vererbung : $n \to n+1$:

$$\frac{1}{1\cdot2}+\frac{1}{2\cdot3}+\ldots+\frac{1}{n\cdot(n+1)}+\frac{1}{(n+1)(n+2)} = \frac{n}{n+1}+\frac{1}{(n+1)(n+2)} = \frac{n(n+2)}{(n+1)(n+2)}+\frac{1}{(n+1)(n+2)} =$$

$$\frac{n(n+2)+1}{(n+1)(n+2)} = \frac{n^2+2n+1}{(n+1)(n+2)} = \frac{(n+1)^2}{(n+1)(n+2)} = \frac{(n+1)}{(n+2)} = \frac{(n+1)}{\left((n+1)+1\right)} \qquad \square !$$

c) $\displaystyle\prod_{i=2}^{n} \left(1-\frac{1}{i^2}\right) = \left(1-\frac{1}{4}\right)\cdot\left(1-\frac{1}{9}\right)\cdot\ldots\cdot\left(1-\frac{1}{n^2}\right) = \frac{n+1}{2\cdot n}$ für $n > 2$

Verankerung für n = 2 :

$$\left(1-\frac{1}{2^2}\right) = \frac{3}{4} \quad = \quad \frac{2+1}{2\cdot2} = \frac{3}{4}$$

Vererbung : $n \to n+1$:

$$\left(1-\frac{1}{4}\right)\cdot\left(1-\frac{1}{9}\right)\cdot\ldots\cdot\left(1-\frac{1}{n^2}\right)\cdot\left(1-\frac{1}{(n+1)^2}\right) = \frac{n+1}{2\cdot n}\cdot\left(1-\frac{1}{(n+1)^2}\right) = \frac{n+1}{2\cdot n}\cdot\left(\frac{(n+1)^2}{(n+1)^2}-\frac{1}{(n+1)^2}\right) =$$

$$\frac{n+1}{2\cdot n}\cdot\left(\frac{(n+1)^2}{(n+1)^2}-\frac{1}{(n+1)^2}\right) = \frac{n+1}{2\cdot n}\cdot\frac{(n+1)^2-1}{(n+1)^2} = \frac{1}{2\cdot n}\cdot\frac{(n+1)^2-1}{n+1} = \frac{n^2+2n+1-1}{2n(n+1)} =$$

$$\frac{n^2+2n}{2n(n+1)} = \frac{n(n+2)}{2n(n+1)} = \frac{(n+2)}{2(n+1)} \qquad \square !$$

6. $a_{n+1} = a_n + n$ mit $a_1 = 0 \Rightarrow a_n = \dfrac{n^2-n}{2}$ für $n \in \mathbb{N}$

Verankerung n = 1:

$$a_1 = \frac{1^2-1}{2} = 0 \quad = \quad 0$$

Vererbung $n \to n+1$:

$$a_{n+1} = \frac{n^2-n}{2}+n = \frac{n^2-n+2n}{2} = \frac{n^2+n}{2} = \frac{n^2+2n+1-n-1}{2} = \frac{(n+1)^2-(n+1)}{2} \qquad \square !$$

---

7. a) $1^3 + 2^3 + 3^3 + 4^3 + ... + n^3 = \dfrac{n^2 \cdot (n+1)^2}{4}$

Verankerung $n = 1$:

$$1^3 = 1 \; = \; \frac{1^2 \cdot (1+1)^2}{4} = 1$$

Vererbung $n \to n+1$:

$$1^3 + 2^3 + 3^3 + 4^3 + ... + n^3 + (n+1)^3 = \frac{n^2 \cdot (n+1)^2}{4} + \frac{4 \cdot (n+1)^3}{4} =$$

$$\frac{n^2 \cdot (n+1)^2 + 4 \cdot (n+1)^2 (n+1)}{4} = \frac{(n+1)^2 \cdot \left[n^2 + 4 \cdot (n+1) \right]}{4} =$$

$$\frac{(n+1)^2 \cdot \left[n^2 + 4n + 4 \right]}{4} = \frac{(n+1)^2 \cdot (n+2)^2}{4} \qquad \square!$$

b) $1 + 3 + 5 + 7 + 9 + ... + (2n-1) = n^2$

Verankerung $n = 1$:

$$1 = 1 \; = \; 1^2 = 1$$

Vererbung $n \to n+1$:

$$1 + 3 + 5 + 7 + 9 + ... + (2n-1) + \left(2(n+1) - 1 \right) = n^2 + \left(2(n+1) - 1 \right) =$$

$$n^2 + \left(2(n+1) - 1 \right) = n^2 + 2n + 1 = (n+1)^2 \qquad \square!$$

c) $\dfrac{1}{2 \cdot 5} + \dfrac{1}{5 \cdot 8} + \dfrac{1}{8 \cdot 11} + \dfrac{1}{11 \cdot 14} + ... + \dfrac{1}{(3n-1)(3n+2)} = \dfrac{n}{6n+4}$

d) $1 \cdot 1! + 2 \cdot 2! + 3 \cdot 3! + ... + n \cdot n! = (n+1)! - 1$

8. a) $n! > 2^n \quad$ für $\quad n \geq 4$

Verankerung $n = 4$:

$$4! = 24 > 16 = 2^4$$

Vererbung $n \to n+1$:

$$(n+)! = (n+1) \cdot n! > (n+1) \cdot 2^n > 2 \cdot 2^n = 2^{n+1}$$

b) $2^n > n^2 \quad$ für $\quad n \geq 5$

Zeige zuerst $n^2 > 2n + 1$

Verankerung $n = 3$:

$$3^2 = 9 > 7 = 2 \cdot 3 + 1$$

Vererbung $n \to n+1$:

$$(n+1)^2 = n^2 + 2n + 1 > 2 + 2n + 1 = 2n + 2 + 1 = 2(n+1) + 1 \quad \text{für } n^2 > 2$$

Nun zeigen wir $2^n > n^2$

Verankerung $n = 5$:

$$2^5 = 32 > 25 = 5^2$$

Vererbung $n \to n+1$:

$$2^{n+1} = 2 \cdot 2^n > 2 \cdot n^2 = n^2 + n^2 > n^2 + 2n + 1 = (n+1)^2 \qquad \square!$$

9. $1+2+3+\ldots+n = {}^{1}\!/_{8}\cdot(2n+1)^2$

$$1+2+3+4+\ldots+n = \frac{1}{8}\left(2n+1\right)^2$$

Vererbung $n \to n+1$:

$$1+2+3+\ldots+n+(n+1) = \frac{1}{8}\left(2n+1\right)^2 + (n+1) = \frac{4n^2+4n+1+8n+8}{8} = \frac{4n^2+12n+9}{8} = \frac{(2n+3)^2}{8} = \frac{(2(n+1)+1)^2}{8}$$

Verankerung $n=1$:

$$1 \neq \frac{9}{8} = \frac{1}{8}\left(2\cdot1+1\right)^2$$

Verankerung allgemein:

$$1+2+3+4+\ldots+n = \frac{n^2+n}{2}$$

Beweis durch vollständige Induktion : $-)$

$$\frac{n^2+n}{2} = \frac{1}{8}\left(2\cdot n+1\right)^2$$

$$4n^2+4n = 4n^2+4n+1$$

$$0 = 1 \qquad \nexists\, n,\ \text{so dass}\ \ 1+2+3+4+\ldots+n = \frac{1}{8}\left(2\cdot n+1\right)^2$$

10. $a_{n+1} = 2a_n+1,\ a_1=1 \ \Rightarrow\ a_n = 2^n-1$

Verankerung $n=1$:

$$2^1-1 = 1 \ = \ 1$$

Vererbung $n \to n+1$:

$$a_{n+1} = 2a_n+1 = 2\cdot\left(2^n-1\right)+1 = 2\cdot2^n-2+1 = 2^{n+1}-1 \qquad \square!$$

11.   a) $f_{10} = 55$

           $f_{30} = 832040$

           $f_{100} = 354224848179262000000$

    b)   Lösungsformel: $x_{1,2} = \dfrac{1\pm\sqrt{1+4\cdot1}}{2} = \dfrac{1\pm\sqrt{5}}{2}$

$$x^2-x-1=0 \qquad |+x+1$$

    c) $x^2 = x+1 \qquad |:x$

$$x = 1+\frac{1}{x}$$

    d) $f_1 = \dfrac{\Phi^1-\Psi^1}{\Phi-\Psi} = \dfrac{1}{\sqrt{5}}\left(\left(\dfrac{1+\sqrt{5}}{2}\right)^1 - \left(\dfrac{1-\sqrt{5}}{2}\right)^1\right) = \dfrac{1}{\sqrt{5}}\left(\dfrac{1+\sqrt{5}}{2} - \dfrac{1-\sqrt{5}}{2}\right) = \dfrac{1}{\sqrt{5}}\left(\dfrac{2\sqrt{5}}{2}\right) = 1$

$$f_1 = \dfrac{\Phi^2-\Psi^2}{\Phi-\Psi} = \dfrac{1}{\sqrt{5}}\left(\left(\dfrac{1+\sqrt{5}}{2}\right)^2 - \left(\dfrac{1-\sqrt{5}}{2}\right)^2\right) = \dfrac{1}{\sqrt{5}}\left(\dfrac{1+2\sqrt{5}+5}{4} - \dfrac{1-2\sqrt{5}+5}{2}\right) = \dfrac{1}{\sqrt{5}}\left(\dfrac{4\sqrt{5}}{2}\right) = 2$$

    e)   Wegen $f_1 = f_2 = 1$ ist der Induktionsanfang erfüllt.

        Wir zeigen nun, dass die Formel, falls sie für f_n gilt, auch für f_{n+1} gelten muss:

$$f_{n-1}+f_n = \dfrac{\Phi^n-\Psi^n+\Phi^{n-1}-\Psi^{n-1}}{\Phi-\Psi} = \dfrac{\Phi^n\left(1+\dfrac{1}{\Phi}\right) - \Psi^n\left(1+\dfrac{1}{\Psi}\right)}{\Phi-\Psi} = \dfrac{\Phi^{n+1}-\Psi^{n+1}}{\Phi-\Psi} = f_{n+1}$$

Bildquellen

Seite 3   „Domino-Effekt" von Louise via Wikimedia Commons (Creative Commons BY-SA 2.0)

Seite 4   „Türme von Hanoi" von Evanherk via Wikimedia Commons (Public Domain)

           "Fibonacci Zahlen" von Progracp via Wikimedia Commons (Public Domain)

Seite 5   „Liber abbaci" Biblioteca Nazionale di Firenze via Wikimedia Commons (Public Domain)

Alle restlichen Grafiken von Christian Wyss (Creative Commons BY-SA 4.0)

Die Creative Commons Lizenzen sind unter https://creativecommons.org/ erhältlich.

Das vorliegende Skript wurde von Dr. Christian Wyss erstellt und ist unter www.mathema.ch zu beziehen.

Analysis

Konvergenz

1. Zahlenfolgen

(Zahlen-)Folge: Reelle Zahlenfolgen sind spezielle Funktionen, deren Definitionsmenge die natürlichen Zahlen und deren Wertemenge die reellen Zahlen sind. Durch eine Vorschrift a wird also jeder natürlichen Zahl n genau eine reelle Zahl a_n zugeordnet:

$$a: \mathbb{N} \to \mathbb{R}$$
$$n \mapsto a_n$$

Der Graph einer Folge besteht also aus lauter isolierten Punkten $P(n \,|\, a_n)$.

Monotonie: Eine Folge (a_n) heisst
streng monoton fallend, falls $a_{n+1} < a_n$
streng monoton wachsend, falls $a_{n+1} > a_n$
monoton fallend, falls $a_{n+1} \leq a_n$
monoton wachsend, falls $a_{n+1} \geq a_n$
für alle $n \in \mathbb{N}$ gilt.

Beschränktheit: Eine Folge reeller Zahlen heisst beschränkt, wenn eine Schranke $S \in \mathbb{R}^+$ existiert so, dass $|a_n| \leq S$ für alle $n \in \mathbb{N}$ gilt.

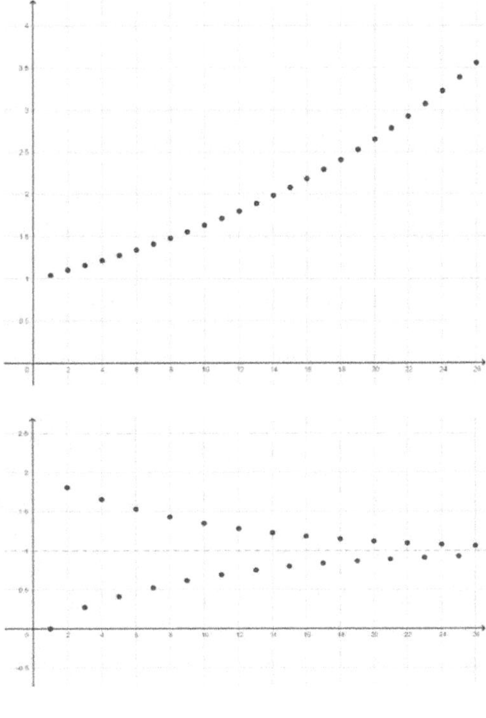

Konvergenz: Nähern sich die Glieder a_n einer Zahlenfolge für sehr grosse n genau einer Zahl, einem Grenzwert g, so nennt man die Folge *konvergent* (lat. convergere, sich hinneigen). In allen anderen Fällen nennen wir die Folge *divergent*. Falls die Folge konvergent ist, schreiben wir:
$$\lim_{n \to \infty}(a_n) = g \,.$$

Nullfolge: Eine konvergente Folge mit Grenzwert Null $\lim\limits_{n \to \infty}(a_n) = 0$ heisst Nullfolge.

Aufgabe 1: Bestimme die nächsten drei Glieder dieser Folgen und gib das Bildungsgesetz der Folge jeweils explizit und rekursiv an:

$$(a_n) = (-1,\ 4,\ -9,\ 16,\ -25,\ \dots) \qquad (b_n) = (1,\ 3,\ 7,\ 15,\ 31,\ \dots)$$

$$(c_n) = (2,\ 6,\ 12,\ 20,\ 30,\ \dots) \qquad (d_n) = \left(\tfrac{1}{2},\ \tfrac{2}{4},\ \tfrac{3}{8},\ \tfrac{4}{16},\ \dots\right)$$

Aufgabe 2: Untersuche diese Folgen auf Monotonie und Beschränktheit. Beweise deine Behauptungen.

a) $a_n = 1 + \dfrac{1}{n}$ 　　 b) $a_n = \left(\dfrac{3}{4}\right)^n$ 　　 c) $a_n = (-1)^n$

d) $a_n = 1 + \dfrac{(-1)^n}{n}$ 　　 e) $a_n = 2$ 　　 f) $a_n = \dfrac{8n}{n^2 + 1}$

g) $a_n = \dfrac{n^2}{100} + n$ 　　 h) $a_n = \dfrac{1}{\sqrt{n}}$ 　　 i) $a_n = \sin(\pi \cdot n)$

Aufgabe 3: Sind die folgenden Aussagen wahr oder falsch?

    a) Eine beschränkte Folge muss nicht monoton sein.

    b) Ist eine Folge monoton fallend, so ist sie gegen oben beschränkt.

    c) Gilt für eine Folge $a_n > 0$ und $a_{n+1} : a_n < 1$, so ist a_n streng monoton fallend.

Aufgabe 4: Widerlege die folgenden Behauptungen durch ein Gegenbeispiel:

    a) Jede monotone Folge ist konvergent.

    b) Jede monotone Folge ist divergent.

    c) Jede beschränkte Folge ist konvergent.

    d) Jede beschränkte Folge ist divergent.

    e) Jede konvergente Folge ist monoton und beschränkt.

    f) Jede divergente Folge ist nicht beschränkt.

    g) Jede beschränkte und monotone Folge ist konvergent.

    h) Jede beschränkte und monotone Folge ist divergent.

Aufgabe 5: Untersuche, ob die Folgen beschränkt und ob sie wachsend oder fallend sind:

a) $a_n = \dfrac{n^2}{n+1}$ 　　 b) $a_n = \sqrt[n]{2}$ 　　 c) $a_n = \dfrac{n^2}{2^n}$ 　　 d) $a_n = \dfrac{1+n^2}{1-n^2}$ $(n > 1)$

e) $a_n = \dfrac{n!}{n^n}$ 　　 f) $a_n = \dfrac{n^2+1}{n+1}$ 　　 g) $a_n = \left(1+\dfrac{1}{3}\right)^3$ 　　 h) $a_n = \sqrt{n+1} - \sqrt{n}$

i) $a_1 = 1,\ a_{n+1} = 3a_n - 1$ 　　 k) $a_1 = 1,\ a_2 = 2,\ a_{n+1} = 2a_n - a_{n-1}$ $(n \geq 2)$

l) $a_1 = 1,\ a_2 = 2,\ a_{n+1} = \dfrac{a_n}{a_{n-1}}$ $(n \geq 2)$

Satz: Eine ..*monoton*.... wachsende (fallende) Zahlenfolge ..*konvergiert*.. genau dann, wenn sie nach ..*oben*......... (bzw. ..*unten*....) beschränkt ist.

Aufgabe 6: Gegeben sind n Kreise in der Ebene. Alle diese Kreise schneiden sich paarweise je in genau zwei Punkten, d.h. es schneidet sich jeder Kreis mit jedem in genau zwei Punkten. Es schneiden sich aber nie drei oder mehr Kreise in einem Punkt.

   a) Wie viele Kreise schneidet der 10-te Kreis?

   b) Wie viele Kreise schneidet der n-te Kreis? Gesucht ist eine explizite Formel.

   c) Wie viele Schnittpunkte haben 6 Kreise insgesamt?

   d) Wie viele Schnittpunkte haben n Kreise insgesamt? Gesucht ist eine explizite Formel.

   e) Wie viele Kreise hat es, wenn es insgesamt 3'192 Schnittpunkte hat?

   f) Wie viele Schnittpunkte haben unendlich viele Kreise?

Aufgabe 7: Ein Sierpinski-Dreieck ist ein 1915 von Wacław Sierpinski beschriebenes Fraktal, das durch fortgesetzte rekursive Aufteilung eines Vorgängerdreiecks in vier weitere, zueinander kongruente Dreiecke erzeugt wird. Die neuen Dreiecke sind dem Ausgangsdreieck ähnlich. Ein Sierpinski-Dreieck entsteht also durch folgendes Vorgehen:

   1. Zeichne ein gleichseitiges Dreieck.

   2. Verbinde die Mittelpunkte der Seiten. Dadurch wird das ursprüngliche Dreieck in vier kongruente Teildreiecke zerlegt.

   3. Entferne das mittlere der vier Teildreiecke. Die anderen drei Teildreiecke bleiben übrig.

   4. Wende Schritte 2 und 3 auf die drei übrig gebliebenen Teildreiecke an usw.

Wir betrachten ein Sierpinski-Dreieck, das von einem gleichseitigen Dreieck mit Seitenlänge 1 ausgeht, d.h. das erste Dreieck hat die Seitenlänge 1.

   a) Welche Fläche hat dieses Dreieck?

   b) Welche Fläche bleibt nach vier und nach n Iterationen, d.h. nach vier und nach n Wiederholungen der Schritte 1 bis 3 übrig? Gesucht ist eine explizite Formel.

   c) Welchen Umfang (Länge aller Begrenzungslinien) hat das Sierpinski-Dreieck nach vier und nach n Iterationen?

   d) Welche Fläche und welchen Umfang hat das Sierpinski-Dreieck nach unendlich vielen Iterationsschritten?

Die ε - Umgebung

Es sei ε eine positive reelle Zahl, also: ε > 0. Wir bezeichnen das offene Intervall

$$] g - \varepsilon, g + \varepsilon \, [\; = \{ g - \varepsilon < x < g + \varepsilon \}$$

als eine **ε - Umgebung** der Zahl g. Wir schreiben $U_\varepsilon(g)$

Mit Hilfe der ε - Umgebung lässt sich der Grenzwert sauber definieren.

Grenzwert: Die Zahl $g \in \mathbb{R}$ heisst
Grenzwert der Folge a_n, falls es zu
jedem ε > 0 eine natürliche Zahl $N(\varepsilon)$
so gibt, dass für alle $n > N(\varepsilon)$ gilt:
$$\left| a_n - g \right| < \varepsilon.$$

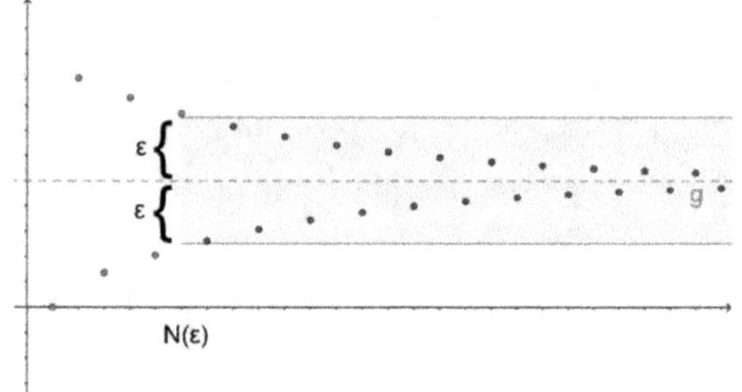

Aufgabe 8: Ab welchem Glied weicht das Folgenglied a_n um weniger als 0.1 vom
Grenzwert g der Folge ab? D.h. bestimme $N(0.1)$.

a) $a_n = \dfrac{1+n}{n}$ b) $a_n = \dfrac{n^2-1}{n^2}$

c) $a_n = 1 - \dfrac{100}{n}$ d) $a_n = \dfrac{n-1}{n+2}$

Aufgabe 9: Untersuche diese Folgen auf Konvergenz. Berechne für die konvergenten
Folgen $N(0.001)$:

a) $a_n = \dfrac{5}{n+1}$ b) $a_n = \dfrac{7n+8}{2n-3}$

c) $a_n = n^2 - 3$ d) $a_n = 2 + \left(-1\right)^n \cdot \dfrac{4}{n}$

Aufgabe 10: Beweis, dass diese Folgen Nullfolgen sind.

a) $a_n = \dfrac{1}{2 \cdot n}$ b) $a_n = \left(\dfrac{1}{2}\right)^n$

Aufgabe 11: Gib ein Beispiel für eine Folge mit zwei Grenzwerten an.

Aufgabe 12: Wir betrachten die Folge $a_n = \dfrac{1}{n}$. Wie viele Folgeglieder weichen um mehr als
ε = 0.01 vom Grenzwert ab? Wie viele um weniger als ε = 0.01?

Aufgabe 13: Gib jeweils ein Beispiel für eine Folge mit den folgenden Eigenschaften an:

a) beschränkt, monoton, konvergent
b) beschränkt, monoton, nicht konvergent
c) beschränkt, nicht monoton, konvergent
d) beschränkt, nicht monoton, nicht konvergent
e) nicht beschränkt, monoton, konvergent
f) nicht beschränkt, monoton, nicht konvergent
g) nicht beschränkt, nicht monoton, konvergent
h) nicht beschränkt, nicht monoton, nicht konvergent

Satz: Jede konvergente Folge besitzt ..*genau einen*.... Grenzwert.

Beweis:

Beweis durch Widerspruch

Sei (a_n) ein Folge mit zwei Grenzwerten g_1 und g_2. Somit ist $|g_1 - g_2| > 0$.

Per Definition gibt es zwei natürliche Zahlen N_1 und N_2 für die gilt:

$$\forall n \geq N_1 \quad |a_n - g_1| < \frac{|g_1 - g_2|}{3}$$

$$\forall n \geq N_2 \quad |a_n - g_2| < \frac{|g_1 - g_2|}{3}$$

Für $n \geq \max(N_1, N_2)$ gilt sowohl $|a_n - g_1| < \frac{|g_1 - g_2|}{3}$ wie auch $|a_n - g_2| < \frac{|g_1 - g_2|}{3}$

In dem Fall ist also $|g_1 - g_2| = |g_1 - a_n + a_n - g_2|$

$$= |(g_1 - a_n) - (a_n - g_2)|$$

$$\leq |g_1 - a_n| - |a_n - g_2| \quad \text{wegen der Dreiecksungleichung}$$

$$< \frac{|g_1 - g_2|}{3} + \frac{|g_1 - g_2|}{3} = \frac{2|g_1 - g_2|}{3} \quad (: |g_1 - g_2| \; \ast$$

$$1 \leq \tfrac{2}{3} \quad \text{Widerspruch} \; \square !$$

$\ast$ Bem: Der Beweis funktioniert nur, da $|g_1 - g_2| \neq 0$. Andernfalls würde durch Null dividiert.

Grenzwertsätze

Aufgabe 14: Gegeben sind die beiden Folgen mit $x_n = 1 - \frac{1}{n^2}$ und $y_n = 2 + \frac{1}{n}$.

   a) Überlege Dir die Grenzwerte $\lim\limits_{n \to \infty}(a_n)$ und $\lim\limits_{n \to \infty}(b_n)$.

   b) Berechne die ersten 6 Glieder der Folge $s_n = x_n + y_n$ und bestimme ebenfalls den Grenzwert s von s_n. Formuliere eine Regel für die Berechnung von s_n.

   c) Überlege Dir nun den Grenzwert der Summe, der Differenz, des Produkts oder des Quotienten (je nach gewähltem Grenzwertsatz).
Bei den gefundenen Regeln handelt es sich um die sogenannten **Grenzwertsätze**.
Sie helfen bei Bestimmung von Grenzwerten komplizierter Folgen.

Grenzwertsätze: Für die konvergenten Folgen (a_n) und (b_n) gilt:

$$\lim_{n \to \infty}(a_n \pm b_n) = \lim_{n \to \infty}(a_n) \pm \lim_{n \to \infty}(b_n)$$

$$\lim_{n \to \infty}(a_n \cdot b_n) = \lim_{n \to \infty}(a_n) \cdot \lim_{n \to \infty}(b_n)$$

$$\lim_{n \to \infty}(c \cdot a_n) = c \cdot \lim_{n \to \infty}(a_n)$$

$$\lim_{n \to \infty}\left(\frac{a_n}{b_n}\right) = \frac{\lim\limits_{n \to \infty}(a_n)}{\lim\limits_{n \to \infty}(b_n)} \qquad \text{falls} \quad \lim_{n \to \infty}(b_n) \neq 0$$

Beweis: $\lim\limits_{n \to \infty}(a_n + b_n) = \lim\limits_{n \to \infty}(a_n) + \lim\limits_{n \to \infty}(b_n)$

Für $\lim\limits_{n \to \infty}(a_n) = a$ und $\lim\limits_{n \to \infty}(b_n) = b$ gilt gemäss Definition

$$\left| a_n - a \right| < \varepsilon \quad \text{und} \quad \left| b_n - b \right| < \varepsilon$$

Daraus ergibt sich mit der Dreiecksungleichung:

$$\lim_{n \to \infty}(a_n + b_n) = \left| (a_n + b_n) - (a + b) \right| =$$

$$= \left| (a_n - a) + (b_n - b) \right|$$

$$\leq \left| a_n - a \right| + \left| b_n - b \right|$$

$$= \quad \varepsilon \quad + \quad \varepsilon \quad = 2\varepsilon = \varepsilon'$$

$$\lim_{n \to \infty}(a_n + b_n) = a + b \qquad \square!$$

Aufgabe 15: Welchen Grenzwert haben diese Folgen?

a) $a_n = 5 + \dfrac{1}{n}$
b) $a_n = \sqrt{2} - \dfrac{1}{n}$
c) $a_n = \dfrac{1}{2n}$

d) $a_n = \dfrac{1}{2^n}$
e) $a_n = \dfrac{5-4n}{5n}$
f) $a_n = \dfrac{4n-1}{n}$

g) $a_n = \dfrac{2n+4}{8}$
h) $a_n = \dfrac{n^2-3}{3n^2}$

Aufgabe 16: Bestimme mit Hilfe obiger Grenzwertsätze die Grenzwerte für n gegen ∞ dieser Folgen:

a) $a_n = 5 + \dfrac{2}{n+3}$
b) $b_n = 0.2\left(1 - \left(\dfrac{3}{4}\right)^n\right)$

c) $c_n = \dfrac{2n^2 - 5n + 3}{3n^2 - 1}$
d) $d_n = \dfrac{1 + 2 + 3 + 4 + \ldots + n}{n^2}$

2. Reihen

Teilsumme: Bei einer Zahlenfolge a_n können die ersten n Glieder zusammengezählt werden. Wir nennen dies die ***n-te Teilsumme*** s_n der Folge a_n: $\quad s_n = \sum\limits_{k=1}^{n} a_k$

Die Teilsummen bilden selber wieder eine Folge $(s_n) = (s_1, s_2, s_3, \ldots)$.
Diese Folge heisst ***(Teil-)summenfolge*** oder ***Reihe***[1].

Unendliche Reihen: Werden alle (unendlich viele) Glieder einer Folge a_n addiert, so heisst diese Summe unendliche Reihe: $\quad \sum\limits_{k=1}^{\infty} a_k$

Konvergenz von Reihen: Eine unendliche Reihe heisst konvergent, wenn die Folge s_n ihrer Partialsummen konvergiert, d.h. einen Grenzwert s besitzt:

$$s = s_\infty = \lim_{n \to \infty}(s_n) = \lim_{n \to \infty}\left(\sum_{k=1}^{n} a_k\right)$$

Andernfalls heisst die unendliche Reihe *divergent*.

Absolute Konvergenz: Eine unendliche Reihe heisst absolut konvergent, wenn $\lim\limits_{n \to \infty}\left(\sum\limits_{k=1}^{n} |a_k|\right)$ konvergent ist. Jede absolut konvergente Reihe ist konvergent.

Aufgabe 17: Für π gilt die folgende Reihenentwicklung:

$$\frac{\pi}{4} = 1 - \frac{1}{3} + \frac{1}{5} - \frac{1}{7} + \ldots$$

Berechne damit π auf 5 Stellen.

Aufgabe 18: Schreibe mit dem Summenzeichen:

a) $\quad \dfrac{8}{7} + \dfrac{11}{14} + \dfrac{2}{3} + \dfrac{17}{28} + \ldots + \dfrac{32}{63}$

b) $\quad \dfrac{7}{10} - \dfrac{9}{13} + \dfrac{11}{16} - \ldots + \dfrac{23}{34}$

Aufgabe 19: Berechne:

a) $\quad \sum\limits_{k=1}^{1000} k$

b) $\quad \sum\limits_{k=1}^{9}\left(2 \cdot \left(\dfrac{2}{3}\right)^{k-1}\right)$

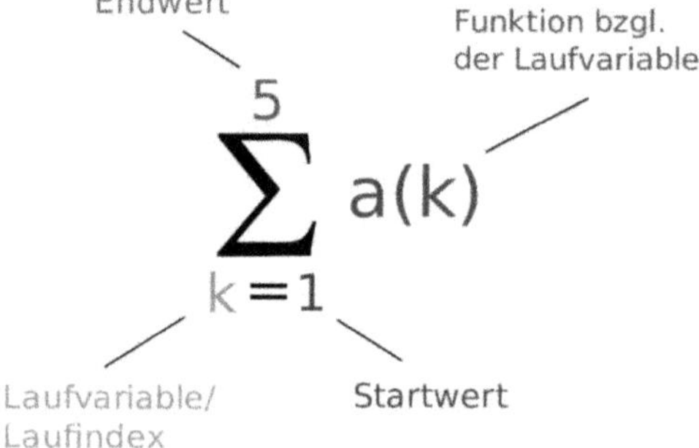

Aufgabe 20: Rechne folgende unendlichen periodischen Dezimalbrüche in gemeine Brüche um: a) $0.\overline{4}$ b) $0.\overline{72}$ c) $0.1\overline{24}$ d) $0.\overline{9}$

---

[1] Hier bezeichnet der Begriff „Reihe", die (Teil-)summe einer Folge. Wenn alle Elemente einer Folge addiert werden, bezeichnen wir dies als unendliche Reihe. Der Begriff „Reihe" wird in der Literatur jedoch nicht konsequent verwendet. Einige Werke bezeichnen ausschliesslich die unendliche Reihe als „Reihe".

Konvergenzkriterien

Aufgabe 21: Berechne den Grenzwert der folgenden Reihen:

a) $1 + \frac{1}{2} + \frac{1}{4} + \frac{1}{8} + \ldots$ (geometrische Reihe)

b) $1 + \frac{1}{2} + \frac{1}{3} + \frac{1}{4} + \ldots$ (harmonische Reihe)

c) $1 + 2 + 3 + 4 + 5..$ (arithmetische Reihe)

Konvergenzkriterien ermöglichen einen Entscheid darüber, ob eine unendliche Reihe konvergiert oder divergiert.

Notwendige Bedingung: Ist eine unendliche Reihe $\sum\limits_{k=1}^{\infty} a_k$ konvergent, so ist die dazu gehörende Folge (a_k) eine Nullfolge.

Kriterium von Leibniz: Ist die Zahlenfolge (a_k) alternierend und ist $(|a_k|)$ eine Nullfolge, so ist die unendliche Reihe $\sum\limits_{k=1}^{\infty} a_k$ konvergent.

Majorantenkriterium: Gegeben sei die unendliche, konvergente Reihe $\sum\limits_{k=1}^{\infty} c_k$

Gilt $|a_n| \leq c_n$ für alle $k \in \mathbb{N}$ ausser endlich vielen, dann ist die unendliche Reihe $\sum\limits_{k=1}^{\infty} a_k$ absolut konvergent.

Quotientenkriterium: Gegeben sei die unendliche Reihe $\sum\limits_{k=1}^{\infty} a_k$.

Gilt $\left|\dfrac{a_{k+1}}{a_k}\right| \leq q$ mit $0 < q < 1$ und für alle $k \in \mathbb{N}$ ausser endlich vielen, dann ist die unendliche Reihe $\sum\limits_{k=1}^{\infty} a_k$ absolut konvergent.

Wurzelkriterium: Gegeben sei die unendliche Reihe $\sum\limits_{k=1}^{\infty} a_k$.

Gilt $\sqrt[k]{|a_k|} \leq q$ mit $0 < q < 1$ und für alle $k \in \mathbb{N}$ ausser endlich vielen, dann ist die unendliche Reihe $\sum\limits_{k=1}^{\infty} a_k$ absolut konvergent.

Aufgabe 22: Ist eine Reihe $\sum\limits_{k=1}^{\infty} a_k$ konvergent, so ist die Folge (a_k) eine Nullfolge. Gilt auch die Umkehrung des Satzes? Ist (a_k) eine Nullfolge, so konvergiert die Reihe $\sum\limits_{k=1}^{\infty} a_k$

Aufgabe 23: Untersuche folgende Reihen auf Konvergenz. Gib also an, ob die Reihen konvergieren oder nicht. Begründe deine Antwort mit einem der obenstehenden Kriterien.

a) $\sum\limits_{k=1}^{\infty} \dfrac{(-1)^k}{\sqrt{k}}$

b) $\sum\limits_{k=1}^{\infty} (-1)^k$

c) $\sum\limits_{k=1}^{\infty} \dfrac{1}{k \cdot 3^k}$

d) $\sum\limits_{k=1}^{\infty} \dfrac{k}{k+1}$

e) $\sum\limits_{k=1}^{\infty} \dfrac{1}{k!}$

f) $\sum\limits_{k=1}^{\infty} \dfrac{2k-1}{3^k}$

Aufgabe 24: Untersuche folgende Reihen auf Konvergenz. Berechne den Grenzwert der konvergenten Reihen:

a) $\sum\limits_{k=1}^{\infty} \left(-\dfrac{1}{8}\right)^k$

b) $\sum\limits_{k=1}^{\infty} \dfrac{1}{k \cdot (k+1)}$

Aufgabe 25: Für welche Werte von x konvergiert die Reihe $\sum\limits_{k=1}^{\infty} \dfrac{x^k}{2^k}$.

Aufgabe 26: Es sei $s_n = \sum\limits_{k=1}^{n} \dfrac{(-1)^k}{k}$

a) Zeige: $s_{2n-1} < s_{2n}$

b) Zeige: (s_{2n-1}) ist monoton wachsend und (s_{2n}) ist monoton fallend

c) Zeige: Die Folgen (s_{2n-1}) und (s_{2n}) konvergieren gegen denselben Grenzwert, die Reihe ist also konvergent.

3. Reelle Funktionen

Auch bei Funktionen kann der Grenzwert für $x \to +\infty$ bzw. für $x \to -\infty$ bestimmt werden.

Aufgabe 27: Bestimme folgende Grenzwerte für $x \to +\infty$ bzw. für $x \to -\infty$.

a) $\displaystyle\lim_{x\to\infty} \frac{1}{x}$
  b) $\displaystyle\lim_{x\to-\infty} \frac{5}{|x|}$
  c) $\displaystyle\lim_{x\to\infty} \left|\frac{-5}{2x}\right|$
  d) $\displaystyle\lim_{x\to-\infty} \frac{|x|}{x}$
  e) $\displaystyle\lim_{x\to-\infty} \frac{2x^2+3}{5x^2-3}$

f) $\displaystyle\lim_{x\to-\infty} 2^x$
  g) $\displaystyle\lim_{x\to-\infty} \frac{\sqrt{-x}+1}{1-x}$
  h) $\displaystyle\lim_{x\to\infty} \frac{\sqrt{x}+1}{\sqrt{x}+2}$
  i) $\displaystyle\lim_{x\to\infty} \frac{2x+1}{3x+2}$
  k) $\displaystyle\lim_{x\to\infty} \frac{1+x}{1+x^2}$

l) $\displaystyle\lim_{x\to\infty} \frac{\sqrt{x^4+1}}{3x^2+x}$
  m) $\displaystyle\lim_{x\to\infty} \frac{\sqrt{2x^2+1}}{x-1}$
  n) $\displaystyle\lim_{x\to\infty} \frac{\sqrt[4]{x}+1}{\sqrt[3]{x}+1}$
  o) $\displaystyle\lim_{x\to\infty} \left(\sqrt{2x+1}-\sqrt{2x}\right)$

p) $\displaystyle\lim_{x\to\infty} \left(\sqrt{x+1}-\sqrt{x}\right)$
  q) $\displaystyle\lim_{x\to\infty} \frac{x^2-x+1}{\sqrt{x^2+1}\cdot(x+1)}$

Bei einer Funktion f(x) kann der (beidseitige) **Grenzwert g an der Stelle x_0** definiert werden, wenn der linksseitige und rechtsseitige Grenzwert denselben Wert haben:

$$\lim_{x\searrow x_0} f(x) = \lim_{x\nearrow x_0} f(x) = \lim_{x\to x_0} f(x) = g$$

Die Funktion f braucht an der Stelle x_0 nicht definiert zu sein. Es ist nur verlangt, dass sich die Funktion bei unbegrenzter Annäherung von x an x_0 dem Wert g annähert.

Aufgabe 28: Sei f: $x \mapsto \begin{cases} x^2 & x \le 1 \\ x & 1 < x < 4 \\ 4-x & x \ge 4 \end{cases}$.

Existieren folgende Grenzwerte: $\displaystyle\lim_{x\to 1} f(x)$ bzw. $\displaystyle\lim_{x\to 4} f(x)$?

Regel von Bernoulli – de l'Hospital

Unbestimmte Ausdrücke: Die folgenden Ausdrücke sind unbestimmt:

$$\frac{0}{0}, \; \frac{\infty}{\infty}, \; 0\cdot\infty, \; \infty-\infty, \; \infty^0$$

Es handelt sich um Ausdrücke, bei denen Grenzwertaussagen über den Ausdruck sich nicht allein aus den Grenzwerten der Operanden. Unbestimmte Ausdrücke lassen sich jedoch in gewissen Fällen – unter Betrachtung des Grenzwertes – definieren. Es handelt sich also zwar um (noch) unbestimmte Ausdrücke, sie sind jedoch in vielen Fällen definierbar.

Unbestimmter Ausdruck bedeutet also nicht dasselbe wie undefinierter Ausdruck. Solche lassen sich nicht sinnvoll definieren. Beispiele von **undefinierbaren Ausdrücken** sind

$$\frac{1}{0} \text{ oder } (-1)^\infty$$

Regel von Bernoulli – de l'Hôspital: Für Grenzwerte, die auf einen unbestimmten Ausdruck führen, gilt die Regel von Bernoulli – de l'Hôspital. Ist $g'(x) \neq 0$ und

$$\lim_{x \to x_0} f(x) = \lim_{x \to x_0} g(x) = 0 \quad \text{oder} \quad \lim_{x \to x_0} f(x) = \lim_{x \to x_0} g(x) = \pm\infty, \text{ dann gilt:}$$

$$\lim_{x \to x_0} \frac{f(x)}{g(x)} = \lim_{x \to x_0} \frac{f'(x)}{g'(x)}$$

Aufgabe 29: Ist 0^0 undefiniert oder unbestimmt? Was ergibt 0^0?

Aufgabe 30: Von welchem Typ ($\frac{0}{0}$, $\frac{\infty}{\infty}$, $0 \cdot \infty$, $\infty - \infty$) sind die Ausdrücke? Berechne:

a) $\lim\limits_{x \to 0} \dfrac{5x - \sin(x)}{2x}$

b) $\lim\limits_{x \to 1} \dfrac{e^x - e}{\ln(x)}$

c) $\lim\limits_{x \to 0} \dfrac{3(x - \sin(x))}{x^3}$

d) $\lim\limits_{x \to 0} \dfrac{2\sin(x)}{x^2}$

e) $\lim\limits_{x \to \infty} \dfrac{x}{e^x}$

f) $\lim\limits_{x \to \infty} \dfrac{e^x}{x^2}$

g) $\lim\limits_{x \to \infty} \dfrac{e^x - e^{-x}}{e^x + e^{-x}}$

h) $\lim\limits_{x \to \infty} \left(x^2 \cdot \sin\left(\frac{1}{x^2}\right)\right)$

i) $\lim\limits_{x \to 0} \left(\dfrac{1}{\ln(1+x)} - \dfrac{1}{x}\right)$

Aufgabe 31: Bestimme folgende Grenzwerte für $x \to x_0$:

a) $\lim\limits_{x \to 4}\left(x^3 - 2x^2 - 8\right)$

b) $\lim\limits_{x \to 1} \dfrac{2x^2 - 5x + 3}{x^2 + x - 2}$

c) $\lim\limits_{x \to 2} \dfrac{x^2 - 4}{x - 2}$

d) $\lim\limits_{x \to 2} \dfrac{2x^4 - \frac{3}{x}}{x^5 - x + \frac{1}{x}}$

e) $\lim\limits_{x \to 2} \left(\dfrac{2x}{x+4} + \dfrac{8}{x+4}\right)$

f) $\lim\limits_{x \to 0} \dfrac{\frac{1}{x^2} + 1}{\frac{1}{x^3} + 1}$

Aufgabe 32: Bestimme folgende Grenzwerte von trigonometrischen Funktionen.

a) $\lim\limits_{x \to \pi} \dfrac{\sin(x)}{\sin(2x)}$

b) $\lim\limits_{x \to \frac{\pi}{4}} \dfrac{\cos(x)}{\cos^2(x) - \frac{1}{2}}$

c) $\lim\limits_{x \to 0} \dfrac{\sin^2(x)}{1 - \cos(2x)}$

Aufgabe 33: Die folgenden Funktionen sind an der Stelle x_0 nicht definiert. Existiert dort der Grenzwert?

a) $f(x) = \dfrac{x^2 - 1}{x - 1}$, $x_0 = 1$

b) $f(x) = \dfrac{x + 2}{x^2 - 4}$, $x_0 = -2$

c) $f(x) = \dfrac{1}{1 - e^{1/x}}$, $x_0 = 0$

Spezielle Grenzwerte

Aufgabe 34: Berechne die Eulersche Zahl, indem Du
die Sekantensteigung für die Funktion $f(x) = b^x$ im
Intervall 0 bis $1/n$ berechnest. Diese Steigung muss
für grosse n gegen 1 gehen.

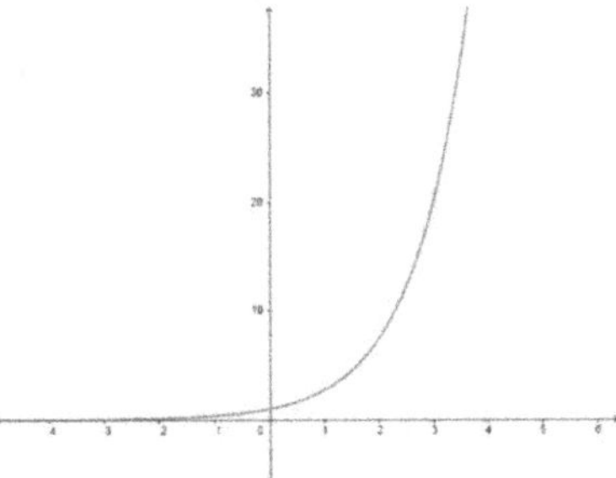

Aufgabe 35: Berechne $a_n = \left(1+\dfrac{1}{n}\right)^n$ für $n \to \infty$.

Aufgabe 36: Bestimme $\lim\limits_{n\to\infty} \sqrt[n]{a}$ für $a > 1$.

Aufgabe 37: Bestimme $\lim\limits_{n\to\infty} \sqrt[n]{n}$.

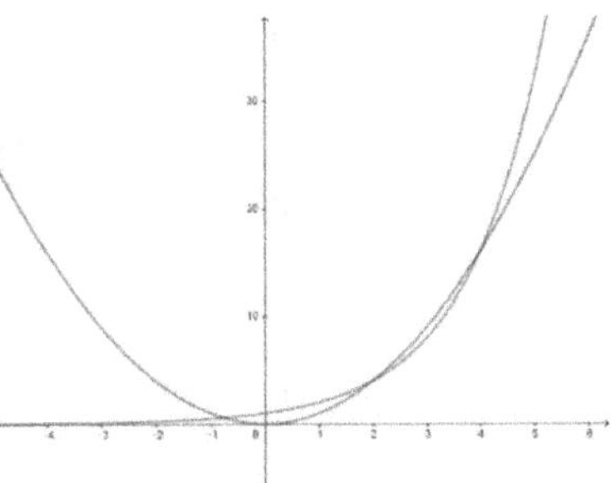

Aufgabe 38: Bestimme $\lim\limits_{n\to\infty} \dfrac{n^k}{a^n}$ für $a > 1$ und $a \in \mathbb{R}$.

Satz: Die Exponentialfunktion a^n wächst

...*schneller*... als jede Potenzfunktion n^k.

Stetigkeit

Stetigkeit: Eine Funktion f(x) auf der Definitionsmenge D heisst an der Stelle $x_0 \in D$ stetig,
wenn der Grenzwert $\lim\limits_{x \to x_0} f(x)$ existiert und
gleich dem Funktionswert an dieser Stelle ist,
d.h. wenn gilt: $\lim\limits_{x \to x_0} f(x) = f(x_0)$.

Die Stetigkeit einer Funktion ist eine lokale
Eigenschaft, d.h. eine Eigenschaft der
Funktion, die sich auf einen x-Wert x_0
bezieht. x-Werte, für die eine Funktion nicht
stetig ist, heissen Unstetigkeitsstellen; die
Funktion heisst an dieser Stelle unstetig.

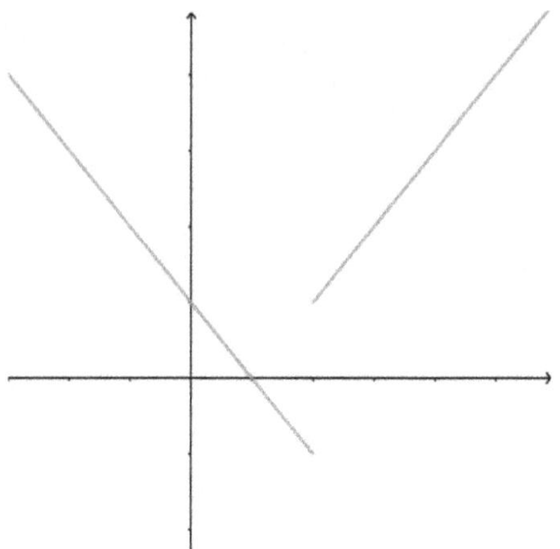

Aufgabe 39: Ist die Funktion $f(x) = \begin{cases} x^2 + 1 & \text{für } x < 1 \\ -x(x-2) & \text{für } x \geq 1 \end{cases}$ an der Stelle $x = 1$ stetig?

Aufgabe 40: Ist die Funktion $f(x) = \begin{cases} \dfrac{\ln(x)}{x-1} & \text{für } x \neq 1 \\ 1 & \text{für } x = 1 \end{cases}$ an der Stelle $x = 1$ stetig?

Aufgabe 41: Ist die Funktion $f(x) = \begin{cases} \cos(x) & \text{für } x \leq \pi \\ \dfrac{\sin(x)}{x-\pi} & \text{für } x > \pi \end{cases}$ an der Stelle $x = \pi$ stetig?

Aufgabe 42: Bestimme a, so dass die Funktion $f(x) = \begin{cases} 8a + 16x & \text{für } x < 2 \\ a^2(x+2) & \text{für } x \geq 2 \end{cases}$ stetig ist.

Aufgabe 43: Für welche Werte von a und b ist die Funktion $f(x) = \begin{cases} x & \text{für } x < 1 \\ a \cdot x^2 + b & \text{für } x \geq 1 \end{cases}$

stetig?

Aufgabe 44: Die Funktion $f(x) = \dfrac{\sin(x)}{x}$ ist an der Stelle $x = 0$ nicht definiert. Kann sie

stetig ergänzt werden?

Aufgabe 45: Ist die Funktion $f(x) = \dfrac{1}{x}$ auf der ganzen Definitionsmenge stetig?

Aufgabe 46: Ist die Funktion $f(x) = \dfrac{|x-1|}{x-1}$ auf der ganzen Definitionsmenge stetig?

Lösungen

1. a_n: $36, -49, 64$ $\qquad$ $a_n = (-1)^n \cdot n^2$ $\qquad$ $a_1 = -1$, $a_{n+1} = -(a_n + 2 \cdot n + 1)$

    b_n: $63, 127, 255$ $\qquad$ $b_n = 2^n - 1$ $\qquad$ $b_1 = 1$, $b_{n+1} = c_n + 2^n$

    c_n: $42, 56, 72$ $\qquad$ $c_n = n(n+1)$ $\qquad$ $c_1 = 2$, $c_{n+1} = c_n + 2 \cdot n + 2$

    d_n: $^5/_{32}, {}^6/_{64}, {}^7/_{128}, \dots$ $\qquad$ $d_n = n : 2^n$ $\qquad$ $d_1 = \frac{1}{2}$, $d_{n+1} = ?$

2. a) streng monoton fallend $\qquad$ beschränkt
    b) streng monoton fallend $\qquad$ beschränkt
    c) nicht monoton $\qquad$ beschränkt
    d) nicht monoton $\qquad$ beschränkt
    e) monoton fallend und steigend $\qquad$ beschränkt
    f) streng monoton fallend $\qquad$ beschränkt
    g) streng monoton steigend $\qquad$ nicht nach oben, jedoch nach unten beschränkt
    h) streng monoton fallend $\qquad$ beschränkt
    i) monoton fallend und steigend $\qquad$ beschränkt

3. a) wahr $\qquad$ b) wahr $\qquad$ c) falsch

4. a) $a_n = n$ $\qquad$ b) $a_n = {}^1/_n$ $\qquad$ c) $a_n = (-1)^n$
    d) $a_n = 1$ $\qquad$ e) $a_n = (-{}^1/_n)^n$ $\qquad$ f) $a_n = (-1)^n$ (dito c)
    g) wahr $\qquad$ h) $a_n = {}^1/_n$

5. a) steigend / nicht beschränkt $\qquad$ b) fallend / beschränkt $\qquad$ c) fallend für n > 2 / beschränkt
    d) steigend für n > 1 / beschränkt $\qquad$ e) fallend / beschränkt $\qquad$ f) steigend / nicht beschränkt
    g) konstant / beschränkt $\qquad$ h) fallend / beschränkt $\qquad$ i) steigend / nicht beschränkt
    k) steigend / nicht beschränkt $\qquad$ l) nicht monoton / beschränkt

6. a) $a_{10} = 9$ $\qquad$ b) $a_n = n - 1$ $\qquad$ c) $s_6 = 30$
    d) $s_n = n^2 - n$ $\qquad$ e) $n = 57$ $\qquad$ f) $s_\infty = \infty$

7. a) $A_0 = \dfrac{\sqrt{3}}{4}$

    $U_0 = 3$

    b) –

    c) $A_0 = \dfrac{\sqrt{3}}{4} a^2$, $A_4 \approx 0.3164 \cdot A_0$, $A_n = \left(\dfrac{3}{4}\right)^n \cdot A_0$

    $U_0 = 3a$, $U_4 \approx 5.0625 \cdot U_0$, $U_n = \left(\dfrac{3}{2}\right)^n \cdot U_0$

    d) $A = A_\infty = 0$

    $U = U_\infty = \infty$

8. a) 11 $\qquad$ b) 4 $\qquad$ c) 1000 $\qquad$ d) 28

9. a) 5000 $\qquad$ b) 9252 $\qquad$ c) – $\qquad$ d) 4001

10. a) $\left|\dfrac{1}{2 \cdot n} - 0\right| = \dfrac{1}{2 \cdot n} < \varepsilon$ $\qquad$ $\forall\, n > \dfrac{1}{2 \cdot \varepsilon}$ $\left(\dfrac{1}{2 \cdot \varepsilon} \text{ ist für alle } \varepsilon > 0 \text{ definiert}\right)$

    b) $\left|\left(\dfrac{1}{2}\right)^n - 0\right| = \left(\dfrac{1}{2}\right)^n < \varepsilon$ $\qquad$ $\forall\, n > \dfrac{\log(\varepsilon)}{\log\left(\frac{1}{2}\right)}$ $\left(\dfrac{\log(\varepsilon)}{\log\left(\frac{1}{2}\right)} \text{ ist für alle } \varepsilon > 0 \text{ definiert}\right)$

11. Eine Folge kann höchstens einen Grenzwert haben. (Anmerkung: Zum Beispiel die Folge $a_{n+1} = a_n^2 - 1$, $a_1 = 1$ alterniert zwischen 0 und -1. Sie hat zwei Attraktoren, jedoch keinen Grenzwert.)

12. $n_{\Delta > \varepsilon} = 99$

    $n_{\Delta < \varepsilon} = \infty$

    Es liegen immer unendlich viele Folgeglieder innerhalb einer ε-Umgebung
    des Grenzwertes und endlich viele ausserhalb.

13. a) $a_n = \left(\dfrac{3}{4}\right)^n$ $\qquad$ b) keine Folge auffindbar $\qquad$ c) $a_n = \left(-\dfrac{3}{4}\right)^n$
    d) $a_n = (-1)^n$ $\qquad$ e) keine Folge auffindbar $\qquad$ f) $a_n = n^2$
    g) keine Folge auffindbar $\qquad$ h) $a_n = (-2)^n$

14. $\dfrac{\Delta y}{\Delta x} = \dfrac{b^{\frac{1}{n}} - b^0}{\frac{1}{n} - 0} = \dfrac{b^{\frac{1}{n}} - 1}{\frac{1}{n}} = 1$

$b^{\frac{1}{n}} - 1 = \dfrac{1}{n} \quad \rightarrow \quad b^{\frac{1}{n}} = \dfrac{1}{n} + 1 \quad \rightarrow \quad b = \left(\dfrac{1}{n} + 1\right)^n$

$\displaystyle\lim_{n \to \infty}\left(1 + \dfrac{1}{n}\right)^n = e \approx 2.718281828\ldots$

15. a) $\displaystyle\lim_{n \to \infty}(a_n) = 1 \qquad \lim_{n \to \infty}(b_n) = 2$

b) $\displaystyle\lim_{n \to \infty}(a_n + b_n) = 3 \qquad \lim_{n \to \infty}(a_n - b_n) = -1 \qquad \lim_{n \to \infty}(a_n \cdot b_n) = 2 \qquad \lim_{n \to \infty}\left(\dfrac{a_n}{b_n}\right) = \dfrac{1}{2}$

16. a) 5 b) $\sqrt{2}$ c) 0 d) 0
    e) $-{}^{4}/_{5}$ f) 4 g) ∞ h) ${}^{1}/_{3}$

17. a) 5 b) 0.2 c) ${}^{2}/_{3}$ d) 0.5

18. 3.1415 ☺

19. a) $\displaystyle\sum_{k=1}^{9} \dfrac{3k+5}{7k}$ b) $\displaystyle\sum_{k=1}^{9} (-1)^{k+1}\dfrac{2k+5}{3k+7}$

20. a) $500'500$ b) $\dfrac{38'342}{6561}$

21. a) ${}^{4}/_{9}$ b) ${}^{8}/_{11}$ c) ${}^{41}/_{330}$ d) 1

22. a) 2 (konvergent)   b) ∞ (divergent)   c) ∞ (divergent)

23. Nein

24. a) konvergent: Nachweis z.B. mit Kriterium vom Leibniz
    b) nicht konvergent: die zugehörige Folge ist keine Nullfolge
    c) konvergent: Nachweis mit Quotienten- oder Majorantenkriterium
    d) nicht konvergent: die zugehörige Folge ist keine Nullfolge
    e) konvergent: Nachweis mit Quotienten- oder Majorantenkriterium
    f) konvergent: Nachweis mit Quotientenkriterium

25. a) konvergent: Nachweis mit dem Kriterium von Leibniz oder dem Quotientenkriterium
    geometrische Reihe ($a_1 = q = -{}^{1}/_{8}) \to s = {}^{1}/_{9}$
    b) konvergent; Nachweis mit Majorantenkriterium

$$s = \sum_{k=1}^{\infty} \dfrac{1}{k \cdot (k+1)} = \sum_{k=1}^{\infty} \dfrac{(k+1)-k}{k \cdot (k+1)} = \sum_{k=1}^{\infty} \dfrac{1}{k} - \sum_{k=1}^{\infty} \dfrac{k}{k+1} = 1 + \sum_{k=2}^{\infty} \dfrac{1}{k} - \sum_{k=1}^{\infty} \dfrac{k}{k+1} = 1 + \sum_{k=1}^{\infty} \dfrac{1}{k+1} - \sum_{k=1}^{\infty} \dfrac{k}{k+1} = 1$$

26. $-2 < x < 2$

27. a) $s_{2n} - s_{2n-1} = \displaystyle\sum_{k=1}^{2n} \dfrac{(-1)^k}{k} - \sum_{k=1}^{2n-1} \dfrac{(-1)^k}{k} = \dfrac{1}{2n} > 0$

b) $s_{2n} - s_{2n-1} = \displaystyle\sum_{k=1}^{2n} \dfrac{(-1)^k}{k} - \sum_{k=1}^{2n-1} \dfrac{(-1)^k}{k} = \dfrac{(-1)^{2n+1}}{2n+1} + \dfrac{(-1)^{2n}}{2n} = -\dfrac{1}{2n+1} + \dfrac{1}{2n} > 0$, also ist s_{2n-1} monton wachsend

$s_{2n+2} - s_{2n} = \displaystyle\sum_{k=1}^{2n+2} \dfrac{(-1)^k}{k} - \sum_{k=1}^{2n} \dfrac{(-1)^k}{k} = \dfrac{(-1)^{2n+2}}{2n+2} + \dfrac{(-1)^{2n+1}}{2n+1} = -\dfrac{1}{2n+2} + \dfrac{1}{2n+1} < 0$, also ist s_{2n} monton fallend

c) $\displaystyle\lim_{n \to \infty}(s_{2n+2} - s_{2n}) = \lim_{n \to \infty}\left(\sum_{k=1}^{2n} \dfrac{(-1)^k}{k} - \sum_{k=1}^{2n-1} \dfrac{(-1)^k}{k}\right) = \lim_{n \to \infty}\left(\dfrac{1}{2n}\right) = 0$

28. a) 0 b) 0 c) 0 d) -1
    e) ${}^{2}/_{5}$ f) 0 g) 0 h) 1
    i) ${}^{2}/_{3}$ k) 0 l) ${}^{1}/_{3}$ m) $\sqrt{2}$
    n) 0 o) 0 p) 0 q) 1

29. Ja, $\lim\limits_{x \to 1} f(x) = 1$

Nein, $\lim\limits_{x \nearrow 4} f(x) = 4 \neq 0 = \lim\limits_{x \searrow 4} f(x)$

30. $0^n = 0$, $x^0 = 1$, 0^0 ist also undefiniert

31. a) 2 $\left(\dfrac{0}{0}\right)$ b) e $\left(\dfrac{0}{0}\right)$ c) ½ $\left(\dfrac{0}{0}\right)$ d) $-\infty$ $\left(\dfrac{0}{0}\right)$ e) 0 $\left(\dfrac{\infty}{\infty}\right)$

    f) ∞ $\left(\dfrac{\infty}{\infty}\right)$ g) 1 $\left(\dfrac{\infty}{\infty}\right)$ h) 1 $(\infty \cdot 0)$ i) ½ $(\infty - \infty)$

32. a) 24   b) $-^1/_3$ c) 4
    d) 1   e) 2   f) 0

33. a) $-½$ b) $-\infty$ c) ½

34. a) 2   b) $-¼$ c) 0

35. e

36. 1

37. 1

38. 0

39. Nein

40. Ja, $f(1) = 1$

41. Ja, $f(\pi) = -1$

42. $a = -2$, $a = 4$

43. $b = 1 - a$

44. Ja, mit $f(0) = 1$

45. Ja, $x = 0$ ist nicht in der Definitionsmenge

46. Ja, $x = 1$ ist nicht in der Definitionsmenge

Potenz- und Taylorreihen

1. Potenzreihen

Definition: Eine **Potenzreihe** ist eine Polynomfunktion p(x) vom Grad unendlich

$$p(x) = a_0 + a_1 x + a_2 x^2 + \ldots = \sum_{n=0}^{\infty} a_n x^n$$

Konvergenz

Definition: Die Menge aller Werte x, für die eine Potenzreihe $\sum_{n=0}^{\infty} a_n x^n$ konvergiert, heisst **Konvergenzbereich** der Potenzreihe.

Definition: Zu jeder Potenzreihe $\sum_{n=0}^{\infty} a_n x^n$ gibt es eine nicht negative Zahl r, **Konvergenzradius** genannt, mit folgenden Eigenschaften:

- Die Potenzreihe konvergiert überall im Intervall $|x| < r$.

- Die Potenzreihe divergiert für $|x| > r$.

- Für das Konvergenzverhalten der Potenzreihe in den Randpunkten $x_1 = -r$ und $x_2 = r$ lassen sich keine allgemeingültigen Untersuchungen machen. Es bedarf hierzu weiterer Untersuchungen.

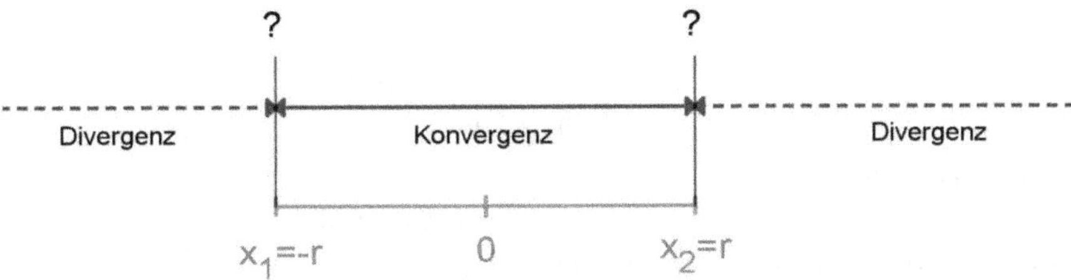

Satz: Der Konvergenzradius r einer Potenzreihe $\sum_{n=0}^{\infty} a_n x^n$ kann in den meisten Fällen wie folgt berechnet werden: $r = \lim_{n \to \infty} \left| \dfrac{a_n}{a_{n+1}} \right|$.

Die obige Definition der Potenzreihe kann verallgemeinert werden:

$$p(x) = a_0 + a_1 (x - x_0) + a_2 (x - x_0)^2 + \ldots = \sum_{n=0}^{\infty} a_n (x - x_0)^n$$

Die Stelle x_0 heisst **Entwicklungsstelle**. Für $x_0 = 0$ erhalten wir die obige Definition.

Der **Konvergenzradius** einer Potenzreihe vom Typ $\sum_{n=0}^{\infty} a_n (x - x_0)^n$ berechnet sich mit

derselben Formel $r = \lim_{n \to \infty} \left| \dfrac{a_n}{a_{n+1}} \right|$. Die Reihe konvergiert dann für $|x - x_0| < r$ und

divergiert für $|x - x_0| > r$. In den beiden Randpunkten $|x - x_0| = r$ muss das Konvergenzverhalten abgeklärt werden.

Beweis: Wir beweisen den Satz mit Hilfe des **Quotientenkriteriums**:

$$\lim_{n \to \infty} \left| \frac{a_{n+1}\,(x - x_0)^{n+1}}{a_n\,(x - x_0)^{n}} \right| = \lim_{n \to \infty} \left| \frac{a_{n+1}}{a_n}\,(x - x_0) \right| \leqslant 1$$

$$|x - x_0| \leqslant \lim_{n \to \infty} \left| \frac{a_n}{a_{n+1}} \right| = r \qquad \Box\,!$$

Aufgabe 1: Bestimme den Konvergenzbereich folgender Potenzreihen:

a) $p(x) = x + 2x^2 + 3x^3 + 4x^4 + \ldots$

b) $p(x) = \sum_{n=1}^{\infty} (-1)^n \dfrac{x^n}{n}$

c) $p(x) = \dfrac{x^1}{1^2} + \dfrac{x^2}{2^2} + \dfrac{x^3}{3^2} + \ldots$

d) $p(x) = \sum_{n=0}^{\infty} \dfrac{x^n}{2^n}$

e) $p(x) = \sum_{n=0}^{\infty} \dfrac{n}{n+1} x^{n+1}$

f) $p(x) = \sum_{n=0}^{\infty} \dfrac{n+1}{n!} x^n$

Eigenschaften

Eine Potenzreihe p(x) konvergiert innerhalb des Konvergenzradius r, d.h. sie nimmt einen bestimmten endlichen Wert an. Die Potenzreihe kann also im Innern ihres Konvergenzbereiches als eine Funktion der Variable x aufgefasst werden.
Sie ordnet jedem x aus dem Konvergenzbereich $]-r, r[$ mit Hilfe der Definitionsvorschrift

$$p(x) = \sum_{n=0}^{\infty} a_n x^n$$ genau einen Funktionswert zu.

Der Definitionsbereich der Potenzreihe ist also mindestens das Intervall $]-r, r[$.

Eine Potenzreihe darf innerhalb ihres Konvergenzbereiches gliedweise differenziert und integriert werden. Die neuen Potenzreihen besitzen dabei denselben Konvergenzradius wie die ursprüngliche Reihe.

Potenzreihen dürfen im gemeinsamen Konvergenzbereich gliedweise addiert, subtrahiert und multipliziert werden. Die neuen Potenzreihen konvergieren dann mindestens im gemeinsamen Konvergenzbereich der beiden Ausgangsreihen.

Taylorreihen

Idee: Wir suchen die Potenzreihe p(x), die an der Stelle x_0 (Entwicklungsstelle) perfekt zu der Funktion f passt. Damit ist gemeint, dass die Werte der Funktion f und der Potenzreihe p und die Werte sämtliche Ableitungen von f und p bei x_0 übereinstimmen

Satz: Die Funktion f: $[a, b] \to \mathbb{R}$ sei im (Entwicklungs-)Stelle $x_0 = 0$ beliebig oft stetig differenzierbar. Dann lässt sich f(x) in eine Potenzreihe der Form

$$f(x) = f(0) + \frac{f'(0)}{1!} \cdot x + \frac{f''(0)}{2!} \cdot x^2 + \frac{f'''(0)}{3!} \cdot x^3 + \ldots = \sum_{n=0}^{\infty} \frac{f^{(n)}(0)}{n!} x^n$$

entwickeln *(MacLaurinsche Reihe)*.

Begründung

Wir betrachten als Beispiel ein Polynom 5-ten Grades:

$$f(x) = a_5 x^5 + a_4 x^4 + a_3 x^3 + a_2 x^2 + a_1 x + a_0 \qquad f(0) = a_0 = 0! \, a_0$$

$$f'(x) = 5 a_5 x^4 + 4 a_4 x^3 + 3 a_3 x^2 + 2 a_2 x + a_1 \qquad f'(0) = a_1 = 1! \, a_1$$

$$f''(x) = 20 a_5 x^3 + 12 a_4 x^2 + 6 a_3 x + 2 a_2 \qquad f''(0) = 2a_2 = 2! \, a_2$$

$$f'''(x) = 60 a_5 x^2 + 24 a_4 x + 6 a_3 \qquad f'''(0) = 6 a_3 = 3! \, a_3$$

$$f^{iv}(x) = 120 a_5 x + 24 a_4 \qquad f^{iv}(0) = 24 a_4 = 4! \, a_4$$

$$f^{v}(x) = 120 a_5 \qquad f^{v}(0) = 120 a_5 = 5! \, a_5$$

Die Faktoren $1/n!$ in der Taylorreihe kompensieren die Faktoren $n!$, die aus den Ableitungen entstehen. Nur so stimmen die Koeffizienten überein.

Beispiel: Exponentialfunktion

$$f(x) = e^x, \ x_0 = 0$$

$$f(x) = e^0 + \frac{1}{1!} e^0 \cdot x + \frac{1}{2!} e^0 x^2 + \frac{1}{3!} e^0 x^3 + \ldots$$

$$= 1 + x + \frac{1}{2} x^2 + \frac{1}{6} x^3 + \frac{1}{24} x^4 + \ldots$$

Beispiel: Sinus-Funktion

$f(x) = \sin(x)$, $x_0 = 0$

$$f(x) = \sin(0)$$
$$+ \cos(0) \cdot x$$
$$- \tfrac{1}{2} \sin(0)\, x^2$$
$$- \tfrac{1}{6} \cos(0)\, x^3$$
$$+ \tfrac{1}{24} \sin(0)\, x^4$$
$$+ \tfrac{1}{120} \cos(0)\, x^5$$
$$- \dots$$
$$= 0 + x - 0$$
$$- \tfrac{1}{6} x^3 + 0$$
$$+ \tfrac{1}{120} x^5 - \dots$$
$$= x - \tfrac{1}{6} x^3 + \tfrac{1}{120} x^5 \dots$$

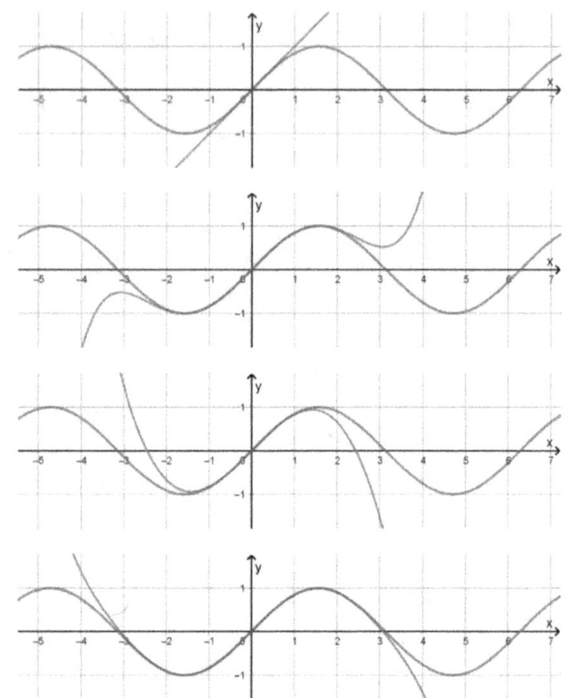

Satz: Die **Symmetrieeigenschaften** einer Funktion spiegeln sich auch in ihrer MacLaurin-schen Reihe wieder: In der Reihenentwicklung einer geraden Funktion treten nur gerade, in der Reihenentwicklung einer ungeraden Funktion dagegen nur ungerade Potenzen auf.

Satz: Die Funktion $f\colon [a, b] \to \mathbb{R}$ sei im (Entwicklungs-)Stelle $x_0 \in [a, b]$ beliebig oft stetig differenzierbar. Dann lässt sich $f(x)$ im Punkt x_0 in eine Potenzreihe der Form

$$f(x) = f(x_0) + \frac{f'(x_0)}{1!} \cdot (x - x_0) + \frac{f''(x_0)}{2!} \cdot (x - x_0)^2 + \frac{f'''(x_0)}{3!} \cdot (x - x_0)^3 + \dots = \sum_{n=0}^{\infty} \frac{f^{(n)}(x_0)}{n!} (x - x_0)^n$$

entwickeln *(Taylorreihe)*.

Das Polynom $\displaystyle\sum_{n=0}^{k} \frac{f^{(n)}(x_0)}{n!} (x - x_0)^n$ heisst *Taylorpolynom n-ten Grades.*

Für $x_0 = 0$ geht die Taylorreihe von f in die MacLaurinsche Reihe über.

Aufgabe 2: Berechne zu den folgenden Funktionen die MacLaurinsche Reihe. Gib die ersten vier nicht verschwindenden Glieder explizit an:

a) $f(x) = (1+x)^{-5}$ b) $f(x) = \sin(2x)$

c) $f(x) = \operatorname{atan}(x)$ d) $f(x) = \ln(1+x^2)$

Aufgabe 3: Bestimme die MacLaurinsche Reihe der folgenden Funktionen, indem du die Potenzreihen der beiden Summanden bzw. der beiden Faktoren addierst bzw. multiplizierst:

a) $f(x) = \sin^2(2x)$

b) $f(x) = \sinh(x) = \dfrac{e^x - e^{-x}}{2}$ [sinh(x) heisst "Sinus hyperbolicus"]

c) $f(x) = e^{-x}\cos(x)$

Aufgabe 4: Entwickle die folgenden Funktionen um die Stelle $x_0 = 0$ in eine Taylorreihe:

a) $\dfrac{6x^3 - 5x^2 - 7x + 4}{3x - 4}$

b) $\dfrac{3x^3 - 10x^2 + 7x - 12}{x - 3}$

c) $\dfrac{3x^3 - 5x^2 + x + 1}{x^2 - 2x + 1}$

Aufgabe 5: Entwickle die folgenden Funktionen um die Stelle x_0 in eine Taylorreihe und gib die ersten drei nicht verschwindenden Glieder explizit an:

a) $f(x) = e^x$ $x_0 = 1$

b) $f(x) = \sqrt{x}$ $x_0 = 1$

c) $f(x) = 2x^3 + 7x^2 + 5x + 5$ $x_0 = -1$

Aufgabe 6: Beweise mit Hilfe einer Taylor-Reihe, dass sin(x) abgeleitet cos(x) ergibt.

Aufgabe 7: Zeige, dass die Eulersche Formel $e^{ix} = \cos(x) + i\cdot\sin(x)$ gilt, indem Du sowohl e^{ix} wie auch $\cos(x)$ und $\sin(x)$ um $x_0 = 0$ in eine Taylor-Reihe entwickelst.

Aufgabe 8: Nähere mit einer Taylor-Reihe um $v = 0$ die relativistische Energie eines Teilchens $E = m\cdot\gamma\cdot c^2$, wobei $\gamma = \dfrac{1}{\sqrt{1 - {v^2}/{c^2}}}$. Berechne dazu die ersten zwei nicht verschwindenden Glieder der Reihe.

Lösungen

1. a) Konvergenzradius $r = 1$; Konvergenzbereich: $]-1, 1[$
   b) Konvergenzradius $r = 1$; Konvergenzbereich: $]-1, 1]$
   c) Konvergenzradius $r = 1$; Konvergenzbereich: $[-1, 1]$
   d) Konvergenzradius $r = 2$; Konvergenzbereich: $]-2, 2[$
   e) Konvergenzradius $r = 1$; Konvergenzbereich: $]-1, 1[$
   f) Konvergenzradius $r = \infty$; Konvergenzbereich: $\mathbb{R}$

2. a) $f(x) = (1+x)^{-5} \approx 1 - 5x + 15x^2 - 35x^3 + \dots$

   b) $f(x) = \sin(2x) \approx 2x - \dfrac{4x^3}{3} + \dfrac{4x^5}{15} - \dfrac{8x^7}{315} + \dots$

   c) $f(x) = \arctan(x) \approx x - \dfrac{x^3}{3} + \dfrac{x^5}{5} - \dfrac{x^7}{7} + \dots$

   d) $f(x) = \ln(1+x^2) \approx x^2 - \dfrac{x^4}{2} + \dfrac{x^6}{3} - \dots$

3. a) $f(x) = \sin^2(2x) = 4x^2 - \dfrac{16}{3}x^4 + \dfrac{128}{45}x^6 - \dfrac{256}{315}x^8 + \dots$

   b) $f(x) = \sinh(x) = \dfrac{e^x - e^{-x}}{2} = x + \dfrac{x^3}{3!} + \dfrac{x^5}{5!} + \dfrac{x^7}{7!} + \dots$

   c) $f(x) = e^{-x}\cos(x) = 1 - x + \dfrac{x^3}{3} - \dfrac{x^4}{6} + \dfrac{x^5}{30} - \dots$

4. a) $2x^2 + x - 1$
   b) $3x^2 - x + 4$
   c) $3x + 1$

5. a) $f(x) = e^x \approx e + e\cdot(x-1) + \frac{1}{2}\cdot e\cdot(x-1)^2$

   b) $f(x) = \sqrt{x} \approx 1 + \frac{1}{2}\cdot(x-1) - \frac{1}{8}\cdot(x-1)^2$

   c) $f(x) = 2x^3 + 7x^2 + 5x + 5 \approx 3 - x + x^2$

6. $\sin(x) = x - \dfrac{x^3}{3!} + \dfrac{x^5}{5!} - \dfrac{x^7}{7!} + \dfrac{x^9}{9!} - \dfrac{x^{11}}{11!} - $

   $\sin(x)' = 1 - \dfrac{x^2}{2!} + \dfrac{x^4}{4!} - \dfrac{x^6}{6!} + \dfrac{x^8}{8!} - \dfrac{x^{10}}{10!} - = \cos(\ )$

7. –

8. $E = m\cdot c^2 + \frac{1}{2}\cdot m\cdot v^2 + \dots$

Bildquellen

Analysis

Fourierreihen

Idee: Eine periodische Funktion kann als Überlagerung (Linearkombination) von Sinus- und Cosinus-Funktionen dargestellt werden. Eine solche Reihe heisst Fourier[1]-Reihe.

Satz: Eine 2π-periodischen Funktion $f(x)$ lässt sich durch eine **Fourier-Reihe** darstellen

$$f(x) = a_0 + a_1 \cos(x) + b_1 \sin(x) + a_2 \cos(2x) + b_2 \sin(2x) + a_3 \cos(3x) + b_3 \sin(3x) + \dots$$

$$= a_0 + \sum_{k=1}^{\infty} \left(a_k \cos(k \cdot x) + b_k \sin(k \cdot x) \right)$$

wobei die Koeffizienten bestimmt sind durch

$$a_0 = \frac{1}{2 \cdot \pi} \int_{-\pi}^{\pi} f(x)\, dx \quad \text{und}$$

$$a_k = \frac{1}{\pi} \int_{-\pi}^{\pi} f(x) \cdot \cos(k \cdot x)\, dx \qquad \text{für } k \geq 1$$

$$b_k = \frac{1}{\pi} \int_{-\pi}^{\pi} f(x) \cdot \sin(k \cdot x)\, dx \qquad \text{für } k \geq 1$$

Fourier-Reih[2]en in der Physik

Die Fourier-Reihe zerlegt ein periodisches Signal in sein **Frequenzspektrum**. Die Koeffizienten a_k und b_k, geben an, mit welchem Gewicht die Wellenzahl k im Spektrum vorkommt. Dabei kann es sich zum Beispiel um akustische (Klänge) oder optische Wellen (Licht) oder elektrische Signale in der Signalverarbeitung handeln. Sogar das menschliche Gehör kann Fourieranalysieren: wir hören bei einem Klang Grund- und Obertöne.

Die rechte Abbildung zeigt den zeitlichen Verlauf der Amplitude des Klangs einer Saite sowie dessen Frequenzspektrum. Zu Beginn – beim Streichen der Saite – erscheint das

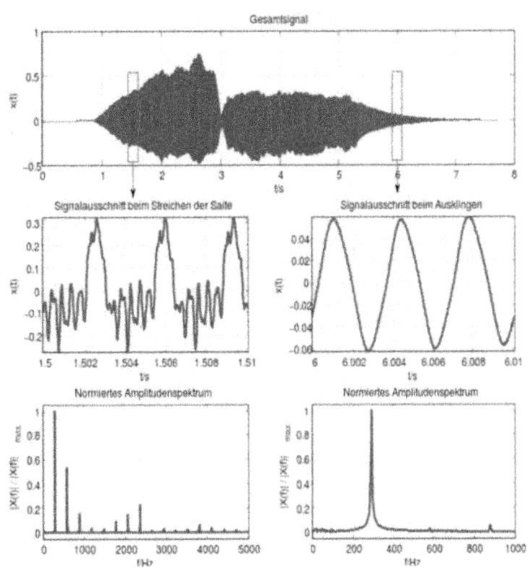

---

[1] Jean Baptiste Joseph Fourier (* 21. März 1768 bei Auxerre; † 16. Mai 1830 in Paris) war ein französischer Mathematiker und Physiker. Mit der Fourieranalyse legte er einen Grundstein für den Fortschritt der modernen Physik und Technik.

[2] Wir betrachten hier die Fourier-Reihe hauptsächlich aus mathematischer Perspektive und verwenden x als Variable für die Funktion f. In der Physik ist es jedoch wichtig, zwischen räumlich und zeitlich periodischen Funktionen zu unterscheiden. Bei räumlicher Periodizität ist x der Ort und die Fouriertransformation liefert das Spektrum der Wellenzahl k, wobei mit der Wellenlänge λ gilt: $k = 2\cdot\pi/\lambda$. Wenn das Signal jedoch zeitlich periodisch ist, schreiben wir oft t für das Argument der Funktion und die Fouriertransformation berechnet das Spektrum der Kreisfrequenz ω, wobei mit der Periode T gilt: $\omega = 2\cdot\pi/T$.

---

zeitliche Signal eher unregelmässig. Im Frequenzspektrum ist zu erkennen, dass der Grundton (ungefähr 300 Hz) sowie viele Obertöne angeregt wurden und gleichzeitig erklingen. Bis zum Ausklingen der Saite wurden die Obertöne deutlich gedämpft. Der zeitliche Verlauf ähnelt einer Sinuskurve, und im Frequenzspektrum wird deutlich, dass im Wesentlichen nur noch der Grundton der Saite schwingt.

Das nebenstehende Bild zeigt das Licht von Gasentladungslampen sowie das zugehörige Spektrum. Die verschiedenen Farben repräsentieren unterschiedliche Wellenlängen bzw. Frequenzen des Lichts.

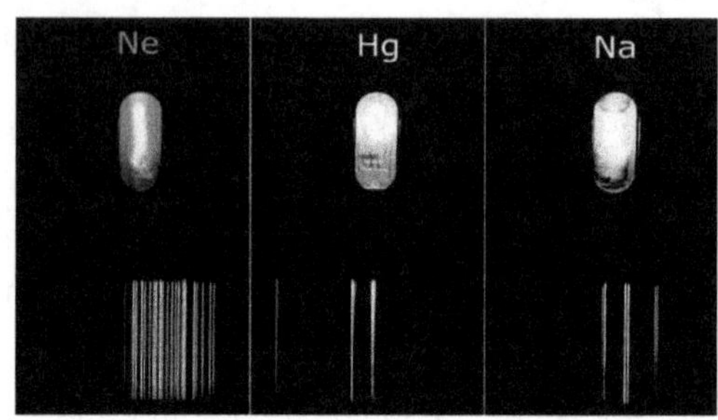

Es ist auch möglich, räumlich periodische Strukturen mittels Fourierreihen zu analysieren. Dies ermöglicht zum Beispiel die Untersuchung der Periodizität von Kristallstrukturen. Darüber hinaus kann die räumliche Struktur von Bildern mittels Fourieranalyse untersucht werden. Beispielsweise werden bei der Kompression von Bildern im jpg-Format hohe Frequenzen (d.h. schnelle Änderungen) abgeschnitten, um die Dateigröße zu reduzieren.

Einige Beispiele

Beispiel 1: Das Dreieckssignal:

Als erstes Beispiel wird hier eine 2π-periodische Dreieckswelle in eine Fourier-Reihe entwickelt.

$$f(x) = \frac{\pi}{4} \cdot \left(\frac{1}{1^2}\cos(1 \cdot x) + \frac{1}{5^2}\cos(3 \cdot x) + \frac{1}{7^2}\cos(7 \cdot x) + ... \right)$$

Gezeichnet ist die Überlagerung der ersten drei Summanden der Reihe:

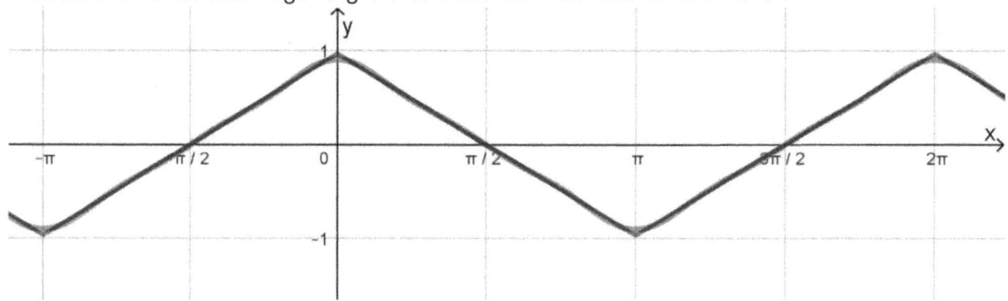

Beispiel 2: Der Sägezahn

Als Beispiel wird hier ein Sägezahn $f(x) = x$ für $0 \leq x < 2\pi$ (2π periodisch fortgesetzt) in einer Fourier-Reihe entwickelt.

$$f(x) = 2\sin(x) - \sin(2 \cdot x) + \frac{2}{3}\sin(3 \cdot x) \mp \ldots$$

Gezeichnet ist die Überlagerung der ersten vier Summanden der Reihe.

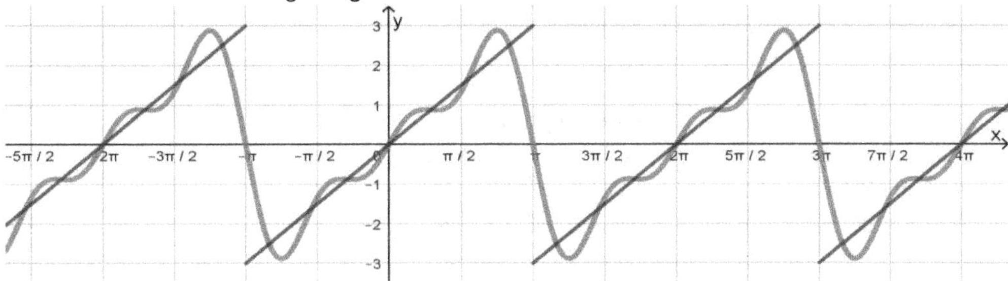

Beispiel 3: Rechteckkasten

Als weiteres Beispiel wird hier ein Rechteckkasten $f(x) = \begin{cases} 1 & \text{für } 0 \leq x < \pi \\ -1 & \text{für } \pi \leq x < 2\pi \end{cases}$

(2π periodisch fortgesetzt) in einer Fourier-Reihe entwickelt.

$$f(x) = \frac{4}{\pi}\left[\sin(x) + \frac{1}{3}\sin(3 \cdot x) + \frac{1}{5}\sin(5 \cdot x) + \frac{1}{7}\sin(7 \cdot x) + \cdots\right] = \frac{4}{\pi}\sum_{k=1}^{\infty} \frac{\sin((2k-1) \cdot x)}{2k-1}$$

Gezeichnet sind die ersten vier Summanden der Reihe:

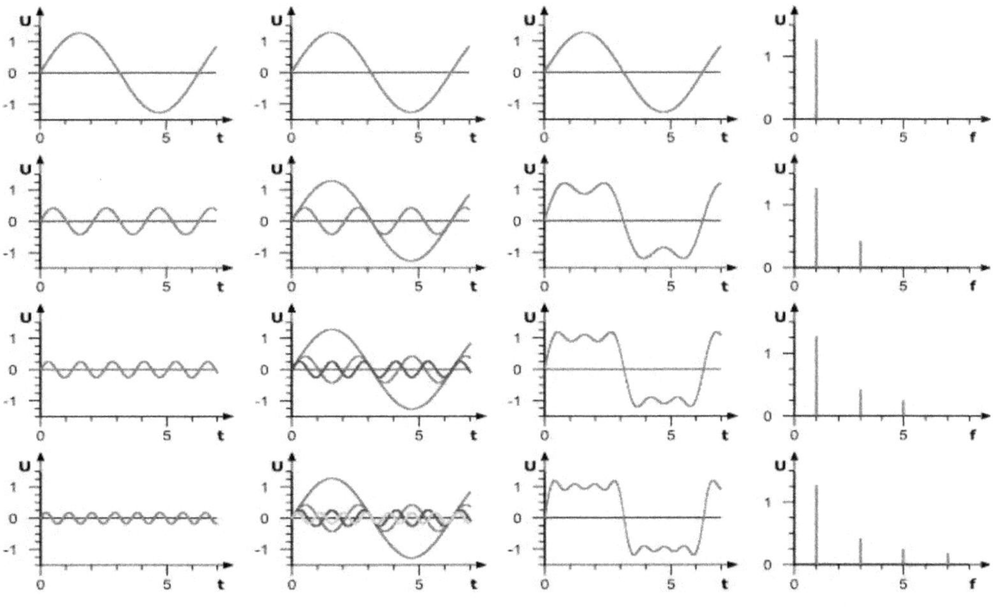

Analysis: Fourierreihen

Als *Gibbs'sches Phänomen* bezeichnet man das
Verhalten, dass bei (abgebrochenen) Fourier-Reihen
von stückweise stetigen Funktionen in der Umgebung
von Sprungstellen sogenannte Überschwingungen
auftreten. Diese Überschwingungen verschwinden
auch dann nicht, wenn die endliche Anzahl von
Termen zur Approximierung auf sehr hohe Werte
erhöht wird, sondern weisen in der maximalen Auslenkung eine konstante, relative Auslenkung von
ca. 9 % auf.

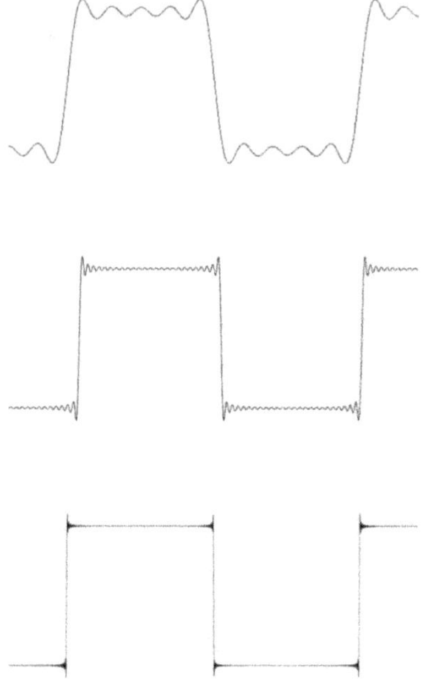

Damit bei der digitalen Datenübermittlung möglichst
viele Daten pro Zeiteinheit (z.B. in Mbit pro Sekunde)
übermittelt werden können, müssen die Pulse möglichst kurz aufeinanderfolgen. Die Flanken der Pulse
müssen also sehr steil sein. Ein solche Signal enthält
im Spektrum viele Wellen mit hohen Frequenzen,
deshalb ist für die schnelle Datenübertragung eine
hohe Bandbreite, d.h. eine Übermittlung von hohen
Frequenzen, notwendig.

Grundlegendes zu speziellen Integralen

Integrale von (anti-)symmetrischen Funktionen

Definition: Eine Funktion heisst

symmetrisch (oder achsensymmetrisch), wenn gilt f(–x) = ...$f(x)$..

antisymmetrisch (oder punktsymmetrisch), wenn gilt f(–x) = ...$-f(x)$.

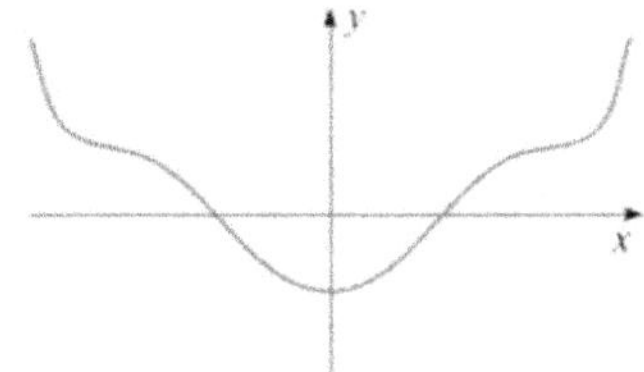

symmetrische Funktionen

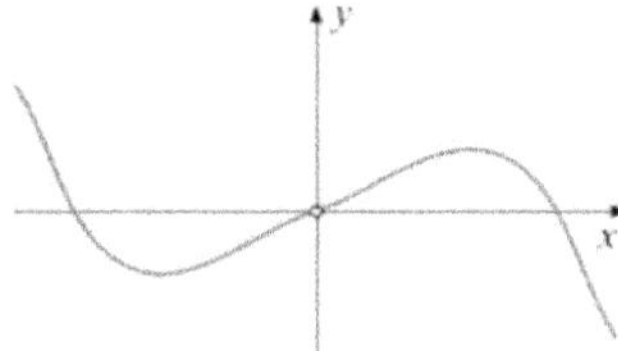

antisymmetrische Funktionen

Aufgabe 1: Was kann man über das Produkt von symmetrischen bzw. antisymmetrischen Funktionen sagen?

   a) Das Produkt von zwei symmetrischen Funktionen ist

      ☐ symmetrisch ☐ antisymmetrisch ☐ kann man nicht allgemein beantworten

   b) Das Produkt von zwei antisymmetrischen Funktionen ist

      ☐ symmetrisch ☐ antisymmetrisch ☐ kann man nicht allgemein beantworten

   c) Das Produkt einer symmetrischen mit einer antisymmetrischen Funktion ist

      ☐ symmetrisch ☐ antisymmetrisch ☐ kann man nicht allgemein beantworten

Für die Integrale von symmetrischen bzw. antisymmetrischen Funktionen gilt:

symmetrisch $\qquad \int_{-g}^{g} f(x)\,dx = $ ...$2 \cdot \int_{0}^{g} f(x)\,dx$

antisymmetrisch $\qquad \int_{-g}^{g} f(x)\,dx = $ ...0...

Aufgabe 2: Bestimme durch schlaues Überlegen das Integral des Produkts von Sinus- und Cosinunsfunktionen im Intervall –π bis π, wobei n und m natürliche Zahlen sind:

$$\int_{-\pi}^{\pi} \sin(n \cdot x) \cdot \cos(m \cdot x)\,dx$$

Aufgabe 3: Gegeben sei die periodische Funktion f(x) = $\sin^2(x)$. Welche der Fourier-Koeffizienten sind auf jeden Fall gleich Null?

Für das Produkt von symmetrischen bzw. antisymmetrischen Funktionen gilt

   symmetrisch · symmetrisch = ...$symmetrisch$...

   symmetrisch · antisymmetrisch = ...$antisymmetrisch$...

   antisymmetrisch · antisymmetrisch = ...$symmetrisch$...

Integrale von sinusoiden[3] Funktionen

Für die Integrale dieser sinusoiden Funktionen gilt für jedes Intervall der Breite 2π:

$$\int_{-\pi}^{\pi} \sin(k\cdot x)\,dx = \dots\bigcirc\dots \qquad\qquad \int_{-\pi}^{\pi} \cos(k\cdot x)\,dx = \dots\bigcirc\dots$$

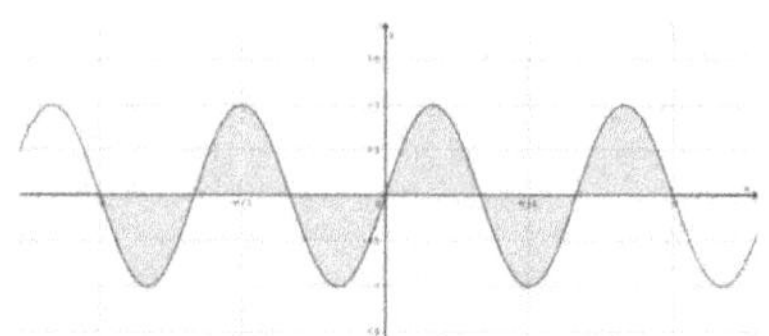 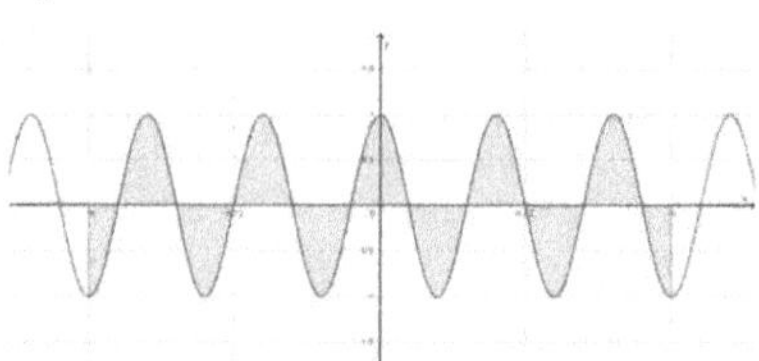

Aufgabe 4: Bestimme die folgenden Integrale durch schlaues Überlegen:

a) $\displaystyle\int_{-\pi}^{\pi} \sin(x)\cdot\sin(2\cdot x)\,dx$

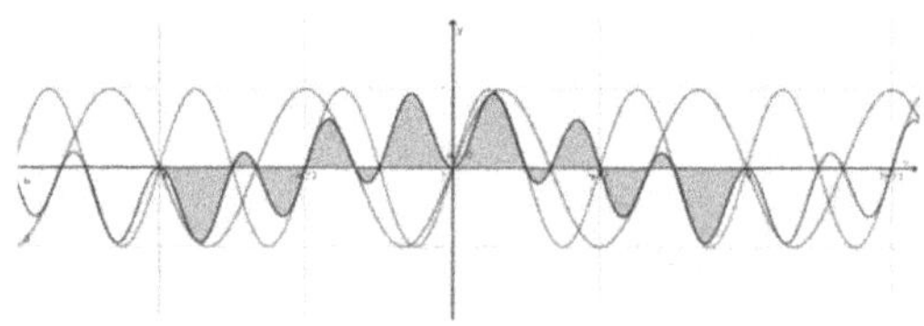

b) $\displaystyle\int_{-\pi}^{\pi} \cos(2\cdot x)\cdot\cos(4\cdot x)\,dx$

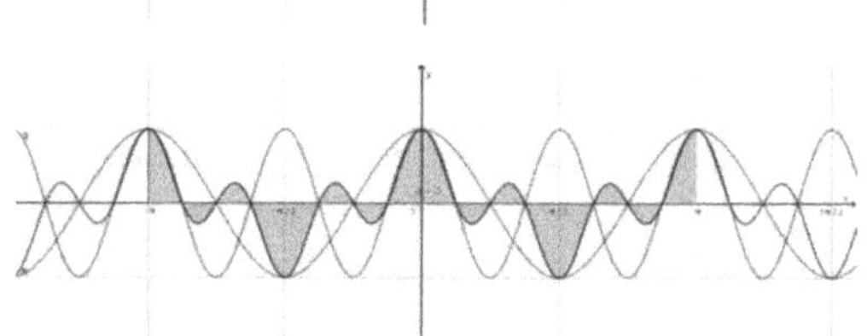

c) $\displaystyle\int_{-\pi}^{\pi} \sin(4\cdot x)\cdot\sin(7\cdot x)\,dx$

d) $\displaystyle\int_{-\pi}^{\pi} \sin(4\cdot x)\cdot\sin(8\cdot x)\,dx$

Aufgabe 5: Berechne das Integral des Produkts von zwei Sinus- bzw. Cosinunsfunktion im Intervall $-\pi$ bis π. Löse das Integral durch partielle Integration und /oder mit Hilfe der folgenden Additionstheoreme:

$$\sin(\alpha)\cdot\sin(\beta) = \frac{1}{2}\cdot\left[\cos(\alpha-\beta) - \cos(\alpha+\beta)\right]$$

$$\cos(\alpha)\cdot\cos(\beta) = \frac{1}{2}\cdot\left[\cos(\alpha-\beta) + \cos(\alpha+\beta)\right]$$

a) $\displaystyle\int_{-\pi}^{\pi} \sin(n\cdot x)\cdot\sin(n\cdot x)\,dx = \int_{-\pi}^{\pi} \sin^2(n\cdot x)\,dx$

b) $\displaystyle\int_{-\pi}^{\pi} \cos(n\cdot x)\cdot\cos(n\cdot x)\,dx = \int_{-\pi}^{\pi} \cos^2(n\cdot x)\,dx$

---

[3] Sinusoide Funktionen sind sinusförmige Funktionen, die aus der Sinusfunktion durch Skalierung von Amplitude und Frequenz sowie Phasenverschiebung gebildet werden. Auf Grund der möglichen Phasenverschiebung gehören auch die Cosinusfunktionen dazu.

Aufgabe 6: Berechne das Integral des Produkts von zwei Sinus- bzw. Cosinunsfunktion im Intervall $-\pi$ bis π, wobei n und m natürliche Zahlen ($n \neq m$) sind. Verwende dabei die obigen Theoreme für die Produkte von sinusoiden Funktionen.

a) $$\int_{-\pi}^{\pi} \sin(n \cdot x) \cdot \sin(m \cdot x)\, dx$$

b) $$\int_{-\pi}^{\pi} \cos(n \cdot x) \cdot \cos(m \cdot x)\, dx$$

(Korrelations-)Integrale von Produkten von sinusoiden Funktionen

$$\int_{-\pi}^{\pi} \sin(m \cdot x) \cdot \sin(n \cdot x)\, dx = \int_{-\pi}^{\pi} \cos(m \cdot x) \cdot \cos(n \cdot x)\, dx = \begin{cases} \pi & \text{für } n = m \\ 0 & \text{für } n \neq m \end{cases}$$

$$\int_{-\pi}^{\pi} \sin(m \cdot x) \cdot \cos(n \cdot x)\, dx = 0$$

Definition: Das Integral $\rho = \int_{-\pi}^{\pi} f(x) \cdot g(x)\, dx$ stellt ein **Korrelationsintegral** dar, d.h. der Skalar ρ ist ein Mass für die (Wechsel-)Beziehung der beiden Funktionen. Ist dieses Integral Null, so sind die beiden Funktionen „unabhängig" voneinander.

Satz: Das Korrelationsintegral für sinusoide Funktionen verschwindet, ausser die beiden Funktionen sind identisch. Die sinusoiden Funktionen sind also voneinander unabhängig (**orthogonal**).

Satz: Die sinusoiden Funktionen sind auf dem Intervall $[-\pi, \pi]$ **normierbar**, d.h. das Integral (die Selbstkorrelation) $\rho = \int_{-\pi}^{\pi} f(x) \cdot f(x)\, dx = \int_{-\pi}^{\pi} f^2(x)\, dx$ ist endlich.

Die Basisvektoren $\vec{e}_x = \begin{pmatrix} 1 \\ 0 \\ 0 \end{pmatrix}$, $\vec{e}_x = \begin{pmatrix} 1 \\ 0 \\ 0 \end{pmatrix}$ und $\vec{e}_x = \begin{pmatrix} 1 \\ 0 \\ 0 \end{pmatrix}$ in der Vektorgeometrie stehen alle senkrecht aufeinander, d.h. sie sind voneinander unabhängig und sie sind normiert (d.h. sie haben die Länge 1). Genauso sind die sinusoiden Funktionen unabhängig voneinander und können auf die Länge 1 normiert werden. Sie erzeugen also eine **orthonormale Basis**[4] zur Darstellung von periodischen Funktionen.

---

[4] Die sinusoiden Funktionen bilden einen Hilbertraum, d.h. einen Vektorraum, auf dem ein Skalarprodukt definiert ist. Addition und Multiplikation mit einem Skalar sind bei den Funktionen auf natürliche Weise gegeben. Das Skalarprodukt von zwei Funktionen ist durch das Korrelationsintegral $\rho = \int f(x) \cdot g(x)\, dx$ festgelegt. Die Vektorgeometrie findet ebenfalls in einem Hilbertraum statt.

Der mathematische Formalismus der Quantentheorie bedient sich der Sätze zu den Hilberträumen, da die quantenmechanischen Zustände eines Teilchens Elemente eines Hilbertraumes sind.

Berechnung der Fourier-Koeffizienten

Wir berechnen die Fourier-Reihe eines Rechteckkasten

$$f(x) = \begin{cases} 1 & \text{für } 0 \leq x < \pi \\ -1 & \text{für } \pi \leq x < 2\pi \end{cases} \qquad (2\pi\text{-periodisch fortgesetzt}).$$

Wir zerlegen zur Berechnung der Koeffizienten das Integral jeweils in zwei Intervalle.
Im Intervall $0 \leq x < \pi$ gilt $f(x) = 1$ und im Intervall von $\pi \leq x < 2\pi$ ist $f(x) = -1$.

Zuerst berechnen wir den konstanten Anteil der Fourier-Reihe a_0:

$$a_0 = \frac{1}{2\cdot\pi} \int_{-\pi}^{\pi} f(x)\,dx = \frac{1}{2\cdot\pi} \int_{0}^{\pi} 1\,dx + \frac{1}{2\cdot\pi} \int_{-\pi}^{0} -1\,dx = \frac{1}{2\pi} \times \int_{0}^{\pi} - \frac{1}{2\pi} \times \int_{-\pi}^{0}$$

$$= \frac{1}{2\pi}\left(\pi - 0\right) - \frac{1}{2\pi}\left(0 - (-\pi)\right) = 0$$

In einem weiteren Schritt berechnen wir die Koeffizienten der symmetrischen Funktionen a_k:

$$a_k = \frac{1}{\pi} \int_{-\pi}^{\pi} f(x)\cdot\cos(k\cdot x)\,dx = 0$$

da symmetrisch · antisymmetrisch
= antisymmetrisch
Das Integral erstreckt sich
also mit symmetrischen
Integrationsgrenzen über
eine antisymmetrische Funktion
$\Rightarrow 0$

Im letzten Schritt berechnen wir die Koeffizienten der antisymmetrischen Funktionen b_k:

$$b_k = \frac{1}{\pi} \int_{-\pi}^{\pi} f(x)\cdot\sin(k\cdot x)\,dx =$$

$$\frac{2}{\pi} \int_{0}^{\pi} 1\sin(kx)\,dx =$$

$$\frac{2}{\pi} \left[-\frac{1}{k}\cos(kx) \right]_{0}^{\pi} =$$

$$\frac{2}{\pi}\frac{1}{k}\left(-\underbrace{\cos(k\pi)} + \underbrace{\cos(0)}_{1} \right) =$$

$\cdot$ für k gerade
-1 für k ungerade

$$= \begin{cases} 0 & \text{für } k \text{ gerade} \\ \frac{4}{k\pi} & \text{für } k \text{ ungerade} \end{cases}$$

Wir erhalten also folgendes Resultat für die Fourier-Koeffizienten:

$$a_k = 0 \qquad \text{für alle k}$$

$$b_k = \begin{cases} 0 & \text{für k gerade} \\ \dfrac{4}{k \cdot \pi} & \text{für k ungerade} \end{cases}$$

Daraus ergibt sich folgende Fourier-Reihe:

$$f(x) = \frac{4}{\pi} \cdot \left[\sin(x) + \frac{1}{3} \cdot \sin(3 \cdot x) + \frac{1}{5} \cdot \sin(5 \cdot x) + \frac{1}{7} \cdot \sin(7 \cdot x) + \frac{1}{9} \cdot \sin(9 \cdot x) + \ldots \right]$$

des Rechteckkasten $f(x) = \begin{cases} 1 & \text{für } 0 \leq x < \pi \\ -1 & \text{für } \pi \leq x < 2\pi \end{cases}$ (2π-periodisch fortgesetzt)

Aufgabe 7: Berechne die Fourier-Reihe eines Sägezahns:

$$f(x) = \frac{x}{\pi} \qquad \text{für } -\pi \leq x < \pi \quad \text{(2π-periodisch fortgesetzt)}$$

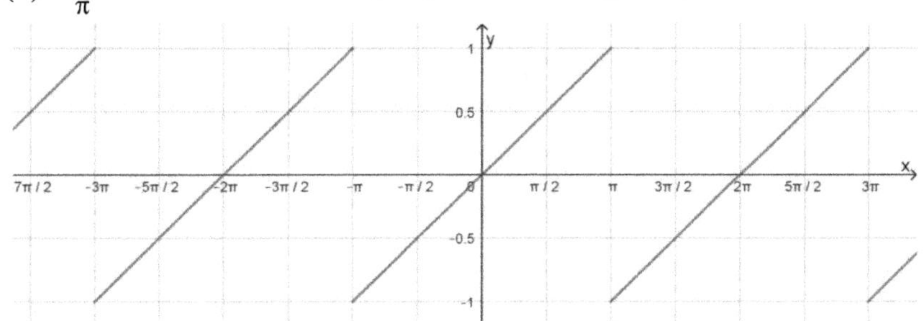

Aufgabe 8: Berechne die Fourier-Reihe einer Dreiecksschwingung:

$$f(x) = \begin{cases} \dfrac{2}{\pi} \cdot x & \text{für } -\dfrac{\pi}{2} \leq x < \dfrac{\pi}{2} \\[2ex] -\dfrac{2}{\pi} \cdot x + 2 & \text{für } \dfrac{\pi}{2} \leq x < \dfrac{3\pi}{2} \end{cases} \qquad \text{(2π-periodisch fortgesetzt)}$$

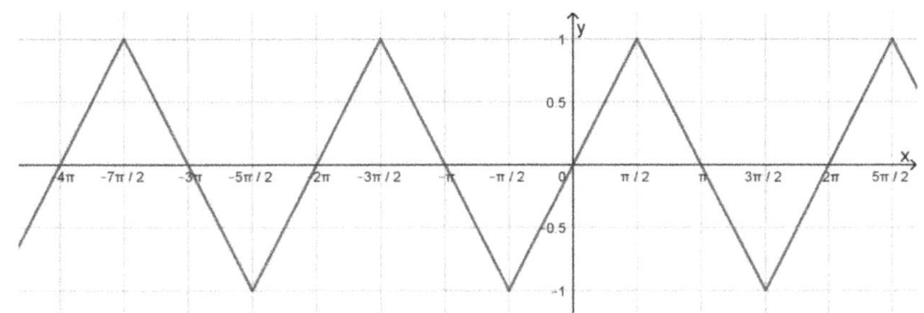

Herleitung der Berechnungsformel der Fourier-Koeffizienten

Bisher haben wir angenommen, dass die Formeln zur Berechnung der Fourierkoeffizienten bekannt sind. Nun wollen wir diese Ausdrücke herleiten. Dazu betrachten wir betrachten 2π-periodische[5] Funktion $f(x)$ und stellen diese durch ihre Fourier-Reihe dar:

$$f(x) = a_0 + a_1\cos(x) + b_1\sin(x) + a_2\cos(2x) + b_2\sin(2x) + a_3\cos(3x) + b_3\sin(3x) + \ldots$$

Wir betrachten zuerst die symmetrischen Anteile, d.h. die Cosinus-Funktionen. Dazu multiplizierten wir beide Seiten mit $\cos(k\cdot x)$:

$$
\begin{aligned}
f(x)\cos(k\cdot x) = {} & a_0\cdot\cos(k\cdot x) + \\
& + a_1\cos(x)\cdot\cos(k\cdot x) + b_1\sin(x)\cdot\cos(k\cdot x) \\
& + a_2\cos(2\cdot x)\cdot\cos(k\cdot x) + b_2\sin(2\cdot x)\cdot\cos(k\cdot x) \\
& + a_3\cos(3\cdot x)\cdot\cos(k\cdot x) + b_3\sin(3\cdot x)\cdot\cos(k\cdot x) + \ldots
\end{aligned}
$$

Und wir intergrien beide Seiten von $-\pi$ bis π:

$$
\begin{aligned}
\int_{-\pi}^{\pi} f(x)\cos(k\cdot x)\,dx = {} & \int_{-\pi}^{\pi} a_0\cdot\cos(k\cdot x)\,dx + \\
& + \int_{-\pi}^{\pi} a_1\cos(x)\cdot\cos(k\cdot x)\,dx + \int_{-\pi}^{\pi} b_1\sin(x)\cdot\cos(k\cdot x)\,dx \\
& + \int_{-\pi}^{\pi} a_2\cos(2\cdot x)\cdot\cos(k\cdot x)\,dx + \int_{-\pi}^{\pi} b_2\sin(2\cdot x)\cdot\cos(k\cdot x)\,dx \\
& + \int_{-\pi}^{\pi} a_3\cos(3\cdot x)\cdot\cos(k\cdot x)\,dx + \int_{-\pi}^{\pi} b_3\sin(3\cdot x)\cdot\cos(k\cdot x)\,dx + \ldots
\end{aligned}
$$

Wir setzen $k = 0$ und finden so den konstanten Anteil der Reihe a_0:

$$\cos(0\cdot x) = \cos(0) = \ldots 1 \ldots$$

$$
\begin{aligned}
\int_{-\pi}^{\pi} f(x)\,dx = {} & \int_{-\pi}^{\pi} a_0\,dx + \int_{-\pi}^{\pi} a_1\cos(x)\,dx + \int_{-\pi}^{\pi} b_1\sin(x)\,dx \\
& + \int_{-\pi}^{\pi} a_2\cos(2\cdot x)\,dx + \int_{-\pi}^{\pi} b_2\sin(2\cdot x)\,dx \\
& + \int_{-\pi}^{\pi} a_3\cos(3\cdot x)\,dx + \int_{-\pi}^{\pi} b_3\sin(3\cdot x)\,dx + \ldots
\end{aligned}
$$

---

[5] Dies ohne Einschränkung der Allgemeinheit, da Funktionen einer beliebigen Periode durch Streckung aus den 2π-periodischen Funktionen gewonnen werden können.

Da alle die obigen Sinusodien-Funktionen periodisch mit ganzzahligen Vielfachen von 2π sind, .verschwinden.... all diese Integrale und es bleibt für a_0 ein einziger Term übrig und wir können a_0 bestimmen:

$$\int_{-\pi}^{\pi} f(x)\,dx = \int_{-\pi}^{\pi} a_0\,dx = a_0 \cdot x \Big|_{-\pi}^{\pi} = 2\pi a_0$$

$$a_0 = \frac{1}{2\pi} \int_{-\pi}^{\pi} f(x)\,dx$$

Für die asymmetrischen Glieder a_k ($k \geq 1$) können wir die Summe vereinfachen, da für alle Summanden, die einen Sinus-Term enthalten gilt:

$$\int_{-\pi}^{\pi} b_n \sin(n\cdot x)\cdot\cos(k\cdot x)\,dx = 0$$

Und wir schreiben:

$$\int_{-\pi}^{\pi} f(x)\cos(k\cdot x)\,dx = \int_{-\pi}^{\pi} a_0 \cdot\cos(k\cdot x)\,dx + \int_{-\pi}^{\pi} a_1\cos(x)\cdot\cos(k\cdot x)\,dx$$

$$+ \int_{-\pi}^{\pi} a_2\cos(2\cdot x)\cdot\cos(k\cdot x)\,dx + \int_{-\pi}^{\pi} a_3\cos(3\cdot x)\cdot\cos(k\cdot x)\,dx + \ldots$$

Für die Produkte von Cosiunsfunktionen gilt, falls $n \neq m$ $\quad \int_{-\pi}^{\pi}\cos(m\cdot x)\cdot\cos(n\cdot x)\,dx = 0$.

Und wir schreiben für a_k

$$\int_{-\pi}^{\pi} f(x)\cos(k\cdot x)\,dx = \int_{-\pi}^{\pi} a_k\cos(k\cdot x)\cdot\cos(k\cdot x)\,dx = \ldots \int_{-\pi}^{\pi} a_k\cos^2(k\cdot x) = a_k\pi$$

Und somit

$$a_k = \frac{1}{\pi} \int_{-\pi}^{\pi} f(x)\cos(k\cdot x)\,dx$$

Für die symmetrischen Anteile, d.h. die Sinus-Funktionen finden wir durch analoge Überlegungen:

$$b_k = \frac{1}{\pi} \int_{-\pi}^{\pi} f(x)\sin(k\cdot x)\,dx$$

Aufgabe 9: Beweise diese Aussage für die Fourier-Koeffizienten b_k.

Fourier-Transformation

Bei der Fourier-Reihe werden sinusoide Funktionen mit ganzzahligen Vielfachen der Grundfrequenz (hier mit der Periode 2π) addiert. Lassen wir jedoch alle Frequenzen zu (auch nicht ganzzahlige Vielfache der Grundfrequenz) , so wird aus der Summe ein Integral: das Fourier-Integral. Mit dem Fourier-Integral können (fast) alle Funktionen – nicht nur periodische – in ihr Frequenzspektrum zerlegt werden. Insbesondere können auch Einzelpulse im Frequenzraum dargestellt werden.

In der linken Abbildung ist eine reine Sinusschwingung dargestellt. Im zugehörigen Frequenzspektrum ist lediglich eine einzige Frequenz erkennbar.
Das mittlere Signal zeigt eine periodische Struktur. Im Frequenzspektrum treten dementsprechend nur ganzzahlige Vielfache der Grundfrequenz auf.
Die rechte Abbildung zeigt einen einzelnen Puls – also ein nicht-periodisches Signal. Das Frequenzspektrum dieses Pulses ist kontinuierlich.

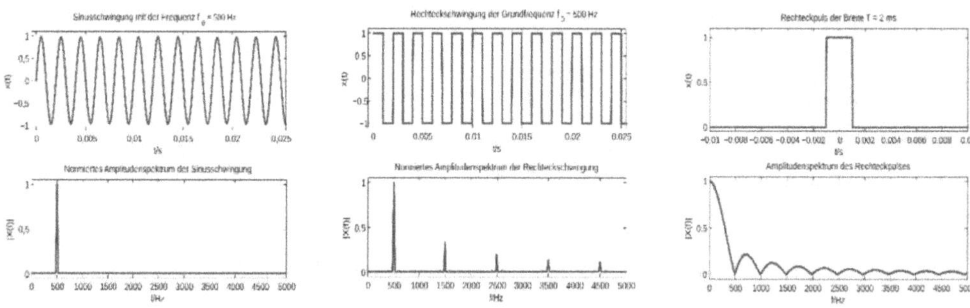

Die physikalischen und technischen Anwendungen der Fourier-Transformation sind vielfältig. Insbesondere in der Datenübertragung, in der Optik und vor allem auch in der Quantenmechanik kommt die Fourier-Transformation zur Anwendung.

Die Grundlage der Fourieroptik ist die Feststellung, dass das Fraunhofer[6]-Beugungsmuster der Fouriertransformierten des beugenden Objekts entspricht. Bei der Beugung am Spalt hat das Beugunsgmuster also die Intensitätsverteilung der Fouriertransfomierten eines einzelnen Rechteckpulses. (Top-Hat Funktion)

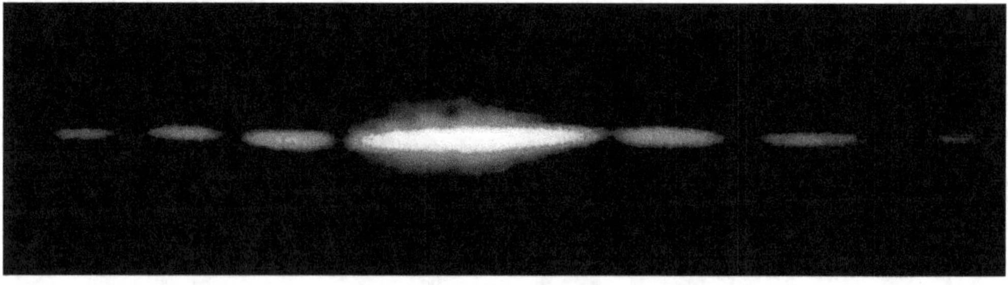

---

[6] Die Fraunhofer-Näherung entspricht einer Fernfeld-Näherung, das heisst, dass nicht nur die Blendenöffnung als klein, sondern auch die Entfernung des Beobachtungsschirms als gross angenommen wird.

Lösungen

1. a) symmetrisch
   b) symmetrisch
   c) antisymmetrisch

2. 0

3. $f(x)$ ist eine symmetrische Funktion ist. Daher sind die Fourier-Koeffizienten b_k gleich Null.

4. a) 0
   b) 0
   c) 0
   d) 0

5. a) π
   b) π

6. a) 0
   b) 0

7. $f(x) = \dfrac{2}{\pi} \cdot \left[\sin(x) - \dfrac{1}{2} \cdot \sin(2 \cdot x) + \dfrac{1}{3} \cdot \sin(3 \cdot x) - \dfrac{1}{4} \cdot \sin(4 \cdot x) + \dfrac{1}{5} \cdot \sin(5 \cdot x) - \ldots \right]$

8. $f(x) = \dfrac{8}{\pi^2} \cdot \left[\cos(x) + \dfrac{1}{3^2} \cdot \cos(3 \cdot x) + \dfrac{1}{5^2} \cdot \cos(5 \cdot x) + \dfrac{1}{7^2} \cdot \cos(7 \cdot x) + \dfrac{1}{9^2} \cdot \cos(9 \cdot x) - \ldots \right]$

9. –

Analysis
Differentialgleichungen

Edward Lorenz (*1917in West Hartford, Connecticut; † 2008 in Cambridge, Massachusetts) studierte Wettermodelle auf dem Computer. Dabei stellte er fest, dass sehr kleine Änderungen in den Anfangsbedingungen grosse Wirkung haben können (Schmetterlingseffekt). Ihm gelang es, die darunterliegende Mathematik zu beschreiben. Es handelt sich um drei gekoppelte Differentialgleichungen. Die Figur stellt eine Lösung dieser Gleichungen dar.

1. Einführung

Eine Differentialgleichung (oft durch DGL abgekürzt) ist eine Gleichung, in der eine Funktion y(x) und deren Ableitungen auftreten. Gesucht ist diese Funktion y(x).

Definition: Eine **Differentialgleichung** besteht aus einer Funktion F der gesuchten Funktion y(x) und deren Ableitungen auf der einen Seite und einer Funktion g der Variable x auf der anderen Seite.

$$F\left(y, \frac{dy}{dx}, \frac{d^2y}{dx^2}, \frac{d^3y}{dx^3}, ..., \frac{d^ny}{dx^n}\right) = g(x)$$

Die Differentialgleichung hat die **Ordnung** n.

Differentialgleichungen spielen in der Physik eine sehr wichtige Rolle. Auch in sehr vielen anderen Gebieten sind sie von grosser Bedeutung. Wir wollen deshalb solche Differentialgleichungen lösen. Dies ist im Allgemeinen sehr schwierig oder nicht möglich. Es gibt jedoch einige wichtige Spezialfälle, die wir lösen können.

Überprüfen von vorgegebenen Lösungsansätze

In einigen Fällen können die Lösungen bereits bekannt sein. Zum Beispiel ist aus Beobachtungen und Messungen eine These über die Lösung aufgestellt worden. Ob diese stimmt, kann mathematisch überprüft werden.

Aufgabe 1: In den folgenden Aufgaben sind die Differentialgleichungen und ihre Lösungen gegeben. Überprüfe, ob diese Lösungen stimmen.

a) $y' = x - y + 1$ \qquad Lösung: $y = x + Ce^{-x}$ \qquad mit $C \in \mathbb{R}$

b) $y' = \dfrac{3y}{x} + x$ \qquad Lösung: $y = Cx^3 - x^2$ \qquad mit $C \in \mathbb{R}$

c) $xy' + y = \sin(x)$ \qquad Lösung: $y = \dfrac{1}{x}[C - \cos(x)]$ \qquad mit $C \in \mathbb{R}$

d) $y' = xy^2 - y$ \qquad Lösung: $y = \dfrac{1}{1 + x + Ce^x}$ \qquad mit $C \in \mathbb{R}$

Aufgabe 2: Handelt es sich wirklich in allen diesen Aufgaben um Differentialgleichungen gemäss dieser Definition?

Anfangsbedingungen

Die Lösungen aus Aufgabe 1 enthalten jeweils noch eine Integrationskonstante C. Die Lösung ist also nicht eindeutig. Mehrere Funktionen y(x) erfüllen die gegebene Differentialgleichung. Die Integrationskonstante C wird durch die Anfangsbedingungen festgelegt. Es muss also zusätzlich noch bekannt sein, welcher Wert die Funktion für ein bestimmtes Argument annimmt.

Aufgabe 3: Bestimme die Lösung der vier Differentialgleichungen in Aufgabe 1 bei bekannter Anfangsbedingung:

a) $y' = x - y + 1$ mit der Anfangsbedingung $y(0) = 5$

b) $y' = \dfrac{3y}{x} + x$ mit der Anfangsbedingung $y(1) = 9$

c) $xy' + y = \sin(x)$ mit der Anfangsbedingung $y(\pi) = 0$

d) $y' = xy^2 - y$ mit der Anfangsbedingung $y(0) = \dfrac{1}{3}$

Satz: Hat eine Differentialgleichung die Ordnung n, so hat ihre allgemeine Lösung n Integrationskonstanten. Um die Funktion eindeutig festzulegen, müssen also n Anfangsbedingungen gegeben sein.

Aufgabe 4: Gegeben ist die Differentialgleichung $y' = (y - 2)^2$.

Es soll gezeigt werden, dass die Funktion $y = 2 - \dfrac{1}{x + 3}$ eine Lösung der obigen Differentialgleichung für die Anfangsbedingung $y(-4) = 3$ ist.

Aufgabe 5: Gegeben ist die Differentialgleichung $(1 + x^2) \cdot y' + x \cdot y = 0$ mit der Anfangsbedingung $y(1) = \sqrt{2}$.

Es soll gezeigt werden, dass Funktion $y = \dfrac{2}{\sqrt{1 + x^2}}$ eine Lösung der obigen Differentialgleichung ist.

Klassifikation von DGLs

Gewöhnliche und partielle Differentialgleichungen

Hängt die unbekannte Funktion nur von einer Variablen ab, z.B. $y = f(x)$, so spricht man von einer *gewöhnlichen Differentialgleichung*.

Zum Beispiel: $\dfrac{d^3y}{dx^3} \cdot y = 5x$

Hängt die unbekannte Funktion von mehr als nur einer Variablen ab, z.B. $y = f(x_1, x_2, x_3, \ldots)$, so sind die auftretenden Ableitungen partielle Ableitungen und man spricht von einer *partiellen Differentialgleichung*.

Zum Beispiel: $\dfrac{\partial T}{\partial t} = \kappa \cdot \dfrac{\partial^2 T}{\partial x^2}$ oder $\dfrac{\partial y}{\partial x} = \kappa \cdot \dfrac{\partial^2 y}{\partial t^2}$

Systeme von Differentialgleichungen

Ein System von Differentialgleichungen besteht aus mehreren, miteinander gekoppelten Differentialgleichungen, die in den einzelnen Gleichungen jeweils mehrere unbekannte Funktionen enthalten.

Ordnung der Differentialgleichung

Die höchste vorkommende Ableitung wird als Ordnung der Differentialgleichung bezeichnet.

$$y' \cdot x + y \cdot x^2 + y''' = 7x^2 \qquad \text{Differentialgleichung 3-ter Ordnung.}$$

Grad einer Differentialgleichung

Ist die Differentialgleichung in der gesuchten Funktion und ihrer Ableitungen als Polynom darstellbar, so wird als Grad der Differentialgleichung die höchste Summe der Exponenten der abhängigen Veränderlichen y und ihrer Ableitungen in einem Glied des Polynoms bezeichnet.

$$y' \cdot x + y \cdot x^2 + y''' = 7x^2 \qquad \text{Diese Differentialgleichung hat den Grad 1 (lineare DGL).}$$

$$5y^{(4)} + 7 \cdot y \cdot y'' = 15 \cdot x^2 \qquad \text{Diese Differentialgleichung hat den Grad 2.}$$

$$y'''\left(y''\right)^3 y + \left(y'\right)^3 y = x^2 \qquad \text{Diese Differentialgleichung hat den Grad 5.}$$

Wenn die Differentialgleichung sich nicht als Polynom darstellen lässt, dann hat sie keinen Grad.

$$y'' \cdot y^2 + \sin(y) = 0 \qquad \text{Diese Differentialgleichung hat keinen Grad.}$$

Lineare Differentialgleichung

Eine Differentialgleichung heisst lineare, falls die Funktion und ihre Ableitungen nur als Linearkombination vorkommen: $\sum\limits_{i=0}^{n} a_i(x)\dfrac{d^i y}{dx^i} = g(x)$, sie sind also 1. Grades.

$y' \cdot x + y \cdot x^2 + y''' = 7x^2$ $\qquad$ lineare Differentialgleichung 3-ter Ordnung

$y' \cdot x + y \cdot x^2 + y''' \cdot y = 7x^2$ $\qquad$ nicht lineare Differentialgleichung

Sind die Koeffizienten $a_i(x)$ reelle Zahlen, d.h. nicht eine Funktion von x, so spricht man von einer linearen Differentialgleichung mit **konstanten Koeffizienten**.

Homogene Differentialgleichung

Der Term g(x) in einer Differentialgleichung $F\left(y,\dfrac{dy}{dx},\dfrac{d^2y}{dx^2},\dfrac{d^3y}{dx^3},\dots,\dfrac{d^n y}{dx^n}\right) = g(x)$ heisst Störglied.

Ist das Störglied g(x) Null, so heisst die Differentialgleichung homogen $F\left(y,\dfrac{dy}{dx},\dfrac{d^2y}{dx^2},\dots,\dfrac{d^n y}{dx^n}\right) = 0$.

Aufgabe 6: Klassiere folgende Differenzialgleichungen.

a) $\quad 4y(x) - 6y'''(x) = 0$

b) $\quad \sin(t) \cdot y(t) - \ln\big(\dot{y}(t)\big) = 2$

c) $\quad 4y''(x) - 7y'(x) + y^2(x) = \cos(x)$

d) $\quad \sin(t) \cdot y(t) - \ln(t)\,\dot{y}(t) = 2$

e) $\quad 4y''(x) - 7y'(x) + 2y(x) = \cos(x)$

f) $\quad \dfrac{1}{x} y^{(4)}(x) - \dfrac{1}{x+1} y'(x) + e^x \cdot y(x) = 0$

2. Lösen von Differentialgleichungen

Separation der Variablen

Eines der bekanntesten Verfahren zum expliziten Lösen ist das sogenannte Lösen durch Trennung der Variablen. Dieses Verfahren funktioniert allerdings nur dann, wenn sich die Differentialgleichung erster Ordnung in der Form $y' = g(y) \cdot f(x)$ bzw. in der Form $g(y) \cdot y' = f(x)$ schreiben lässt.

Ein Beispiel

$$y' = y^2 \cdot x \qquad\qquad\qquad \Big|\ \text{mit}\ \ y' = \frac{dy}{dx}$$

$$\frac{dy}{dx} = y^2 \cdot x \qquad\qquad\qquad \Big|\ : y^2$$

$$\frac{1}{y^2} \cdot \frac{dy}{dx} = x \qquad\qquad\qquad \Big|\ \cdot dx$$

$$\frac{1}{y^2} \cdot dy = x \cdot dx \qquad\qquad\qquad \Big|\ \text{Integration beider Seiten}$$

$$\int \frac{1}{y^2} \cdot dy = \int x \cdot dx \qquad\qquad\qquad \Big|\ \text{Ausführen des Integrals}\ [1]$$

$$-\frac{1}{y} + C_1 = \frac{1}{2} x^2 + C_2 \qquad\qquad\qquad \Big|\ -C_1$$

$$-\frac{1}{y} = \frac{1}{2} x^2 + C_2 - C_1 \qquad\qquad\qquad \Big|\ C := C_2 - C_1$$

$$-\frac{1}{y} = \frac{1}{2} x^2 + C \qquad\qquad\qquad \Big|\ \cdot (-1)$$

$$\frac{1}{y} = -\frac{1}{2} x^2 - C = -\frac{x^2 + 2 \cdot C}{2} \qquad\qquad\qquad \Big|\ \text{Auflösen nach } y$$

$$y = -\frac{2}{x^2 + 2 \cdot C} \qquad\qquad\qquad \text{mit } C \in \mathbb{R}$$

Aufgabe 7: Löse die folgenden Differentialgleichungen durch Trennung der Variablen:

    a) $y' = -x \cdot y$ b) $y' = y^2$

    c) $y' = \dfrac{x}{y}$ d) $y' = \dfrac{y}{x}$

    e) $y \cdot y' - x = 0$ mit der Anfangsbedingung $y(1) = 0$

---

[1] Das Integral sucht eine Funktion $F(x)$, die abgeleitet die gegebene Funktion $f(x)$ ergibt, also $F'(x) = f(x)$.

$$\int f(x)\, dx = F(x) \ \Leftrightarrow\ F'(x) = f(x)$$

Aufgabe 8: Löse die folgenden Differentialgleichungen durch Trennung der Variablen:

a) $y' = x+1$ mit $y(-2) = -1$
b) $y' = 0.5(3 - y)$ mit $y(0) = 2$
c) $y' = y - 5$ mit $y(0) = 2$
d) $y' = y^2 \cdot \sin(x)$ mit $y(0) = \frac{1}{2}$
e) $y' = y \cdot \cos(x)$ mit $y(\pi) = 4$

Beweis der Richtigkeit der Methode

Wieso darf man auf beiden Seiten integrieren, immerhin integriert man einmal „nach y" und einmal „nach x"?

$$g(y)\,dy = f(x)\,dx \qquad \text{wobei } y = y(x)$$

Die linke Seite kann folgendermassen umgeformt werden:

$$g(y)\,dy = g(y)\frac{dy}{dx}\,dx = g\big(y(x)\big) \cdot y'(x) \cdot dx$$

Und es gilt also:

$$g\big(y(x)\big) \cdot y'(x)\,dx = f(x)\,dx$$

Nun integrieren wir beide Seiten nach x.

$$\int g\big(y(x)\big) \cdot y'(x)\,dx = \int f(x)\,dx$$

Nach der Substitutionsregel beim Integrieren gilt aber auch:

$$\int g\big(y(x)\big) \cdot y'(x)\,dx = \int g(y)\,dy$$

Und es folgt

$$\int g(y)\,dy = \int f(x)\,dx \qquad \square!$$

Und somit gilt für die Stammfunktionen F und G:

$$G(y) = F(x) + C$$

Umgekehrt finden wir durch Ableiten nach x mit Hilfe der Kettenregel

$$G'(y) \cdot y'(x) = F'(x)$$

Wir schreiben:

$$G'(y) \cdot \frac{dy}{dx} = F'(x)$$

Und es gilt also

$$g(y)\,dy = f(x)\,dx \qquad \square!$$

Lineare Differentialgleichungen

Ein sehr wichtiger Typ von Differentialgleichungen sind die linearen Differentialgleichungen mit konstanten Koeffizienten. Die wichtigsten Bewegungsgleichungen sind lineare Differentialgleichungen.

Definition: Eine Differentialgleichung heisst **linear mit konstanten Koeffizienten**, falls die Funktion F linear in der gesuchten Funktion y(x) und deren Ableitungen ist:

$$a_n y^{(n)} + \ldots + a_2 y' + a_1 y' + a_0 y = \sum_{i=0}^{n} a_i \frac{d^i y}{dx^i} = g(x)$$

andernfalls heisst sie nicht-linear.

Definition: Eine lineare Differentialgleichung heisst zusätzlich **homogen**, falls g(x) = 0, also

$$a_n y^{(n)} + \ldots + a_2 y' + a_1 y' + a_0 y = \sum_{i=0}^{n} a_i(x) \frac{d^i y}{dx^i} = 0$$

sonst heisst sie inhomogen.

Aufgabe 9: Welche der Differentialgleichungen in Aufgabe 1 sind linear und welche sind linear und homogen?

Aufgabe 10: Erfinde zwei bis drei Beispiele für eine lineare, homogene Differentialgleichung.

Aufgabe 11: Lineare, homogene Differentialgleichungen können wir durch Tüfteln lösen. Du musst also eine Funktion suchen, die die Gleichung erfüllt. Denk daran, Du musst die allgemeinste Lösung mit der entsprechenden Anzahl Integrationskonstanten finden.

a) $y' - y = 0$

b) $y' + y = 0$

c) $y'' + y = 0$

d) $y'' + y' + y = 0$

e) $y'' + 2y' - 6y = 0$

Homogene, lineare Differentialgleichungen

Im Allgemeinen führt Tüfteln allein nicht zum Ziel. Lineare Differentialgleichungen mit konstanten, reellen Koeffizienten können mit Hilfe der **charakteristischen Gleichung** gelöst werden.

Gegeben sei eine homogene lineare Differentialgleichung n-ter Ordnung:

$$a_n y^{(n)} + \ldots + a_2 y' + a_1 y' + a_0 y = \sum_{i=0}^{n} a_i \frac{d^i y}{dx^i} = 0$$

Superpositionsprinzip

Für lineare, homogene Differentialgleichungen gilt, dass jede Linearkombination von Lösungen wiederum Lösung der Gleichung ist:

Sind $y_1(x)$ und $y_2(x)$ Lösungen, so ist auch $y(x) = c_1 \cdot y_1(x) + c_2 \cdot y_2(x)$ Lösung der Gleichung.

$$\sum_{i=0}^{n} a_i \frac{d^i}{dx^i}\left(c_1 y_1 + c_2 y_2\right) = \quad \text{wegen der Summenregel}$$

$$(f+g)' = f' + g' \text{ und}$$
$$\text{der Faktorregel } (c \cdot f)' = c \cdot f'$$

$$c_1 \underbrace{\sum_{i=0}^{n} a_i \frac{d^i}{dx^i} y_1}_{0} + c_2 \underbrace{\sum_{i=0}^{n} a_i \frac{d^i}{dx^i} y_2}_{0} = 0$$

Da y_1 und y_2 Lösungen der homogenen, linearen DGL.

Also ist $c_1 y_1 + c_2 y_2$ ebenfalls Lösung der homogenen, linearen DGL.

Charakteristisches Polynom

Mit Hilfe des Ansatzes $y(x) = e^{\lambda \cdot x}$ findet man das charakteristische Polynom:

$$a_n \lambda^n + a_{n-1} \lambda^{n-1} + \ldots + a_2 \lambda^2 + a_1 \lambda + a_0 = 0$$

Da die Koeffizienten des charakteristischen Polynoms reell sind, so sind die Lösungen entweder wiederum reell oder es sind Paare von konjugiert komplexen Zahlen:

- Eine Lösung $\lambda \in \mathbb{R}$ des Polynoms ist reell und die dazugehörige Lösung y_0 der Gleichung lautet:

$$y_0 = e^{\lambda x}$$

- Das Polynom hat zwei konjugiert komplexe Lösungen $\lambda_+ = \alpha + i \cdot \beta$ und $\lambda_- = \alpha - i \cdot \beta$, die beiden komplexen Lösung $y_+(x)$ und $y_-(x)$ der Differentialgleichung lauten:

$$y_+ = e^{(\alpha + i\beta)x} \qquad y_- = e^{(\alpha - i\beta)x}$$

Wir suchen jedoch für eine Differentialgleichung mit reellen Koeffizienten zumeist die reelle Lösung. Mit Hilfe der Eulerschen Formel finde wir für $y_1(x)$ und $y_2(x)$

$$y_1 = \frac{y_+ + y_-}{2} = \frac{1}{2}\left(e^{(\alpha+i\beta)x} + e^{(\alpha-i\beta)x}\right)$$

$$= \frac{1}{2} e^{\alpha x}\left(e^{i\beta} + e^{-i\beta}\right) = \frac{1}{2} e^{\alpha x}\left(\cos\beta + i\sin\beta\right.$$

$$\left. + \cos(-\beta) + \sin(-\beta)\right) = \frac{1}{2} e^{\alpha x} 2\cos\beta = e^{\alpha x}\cos\beta$$

$$y_2 = \frac{y_+ - y_-}{2i} \overset{\text{analog}}{=\!=\!=} e^{\alpha x}\sin\beta$$

Und somit die allgemeine Lösung:

$$y = C_0 e^{\lambda x} + C_1 e^{\alpha x}\cos\beta + C_2 e^{\alpha x}\sin\beta x$$

Nach dem Fundamentalsatz der Algebra hat die Gleichung genau n komplexe Lösungen $\lambda_1 \ldots \lambda_n$, wenn man diese gemäss ihrer Vielfachheit zählt. Da die Differentialgleichung linear ist, finden wir die allgemeine Lösung als Summe aller Lösungen.

Falls nun alle Lösungen $\lambda_1 \ldots \lambda_n$ voneinander verschieden sind (*einfache Lösungen*), bekommt man auf diese Weise n verschiedene Lösungen $y_i(x) = e^{\lambda_i \cdot x}$ der Differentialgleichung. Die allgemeine Lösung lautet daher in diesem Fall

$$y = c_1 e^{\lambda_1 x} + c_2 e^{\lambda_2 x} + \ldots + c_n e^{\lambda_n x}$$

Ist dagegen λ eine *mehrfache Lösung* der charakteristischen Gleichung, so erhält man auf diese Weise nur eine Lösung. In diesem Fall können aber auf einfache Weise weitere, linear unabhängige Lösungen angegeben werden. Ist λ eine m-fache Nullstelle des charakteristischen Polynoms, dann sind

$$y_n = c_n x^n e^{\lambda x} \qquad 0 \le 0 \le m-1$$

linear unabhängige Lösungen der Differentialgleichung und die allgemeine Lösung lautet:

$$y = c_0 e^{\lambda x} + c_1 x e^{\lambda x} + c_2 x^2 e^{\lambda x} + c_{m-1} x^{m-1} e^{\lambda x}$$

Aufgabe 12: Finde die allgemeine Lösung dieser homogenen Differentialgleichungen und bestimme anschliessend die partikuläre Lösung unter den gegeben Anfangsbedingungen:

a) $y' - y = 0$ mit $y(0) = 2$

b) $y' + y = 0$ mit $y(-1) = e$

c) $y''' - y'' - 2y' = 0$ mit

d) $y'' + y' - 6y = 0$ mit $y(0) = 1$ und $y'(0) = 0$

e) $y'' + y = 0$ mit $y(0)=5$ und $y'(0)=0$

f) $y'' + y' + y = 0$ mit $y(0) = 1$ und $y'(0) = 0$

Aufgabe 13: Lösen Sie die folgenden homogenen linearen Differentialgleichungen:

a) $y'' - 4y = 0$ mit $y(0) = 1$, $y'(0)=0$

b) $y''' + y'' - 20y' = 0$ mit $y(0) = 1$, $y'(0) = 180$, $y''(0) = 0$

c) $2y'' + 4y = 0$ mit $y(0) = 1$, $y'(0)=0$

d) $y'' + 4y = 0$ mit $y(0) = 1$, $y'(0) = 0$

Aufgabe 14: Gib jeweils die allgemeine Lösung $y(x)$ an:

c) $y'' - 3y' + 2y = 0$

b) $y''' + y'' - 6y' + 4y = 0$

a) $y'' - 4y' + 4y = 0$

d) $y'' + y' + y = 0$

e) $y'''' - 8y'' - 10y = 0$

f) $y^{(6)} + 6y^{(5)} + 15y^{(4)} + 20y^{(3)} + 15y'' + 6y' + y = 0$

Aufgabe 15: Gib mit Hilfe der Anfangsbedingungen die partikuläre Lösung der obenstehenden Aufgaben an:

a) bei c: $y(0) = 2$, $y'(0) = 1$

b) bei d: $y(0) = 4$, $y'(0) = -2$

c) bei b: $y(0) = 1$, $y'(0) = 1$, $y''(0) = 1$

d) bei f: $y(0) = y'(0) = 1$, $y''(0) = y'''(0) = 2$, $y^{(4)}(0) = y^{(5)}(0) = -1$

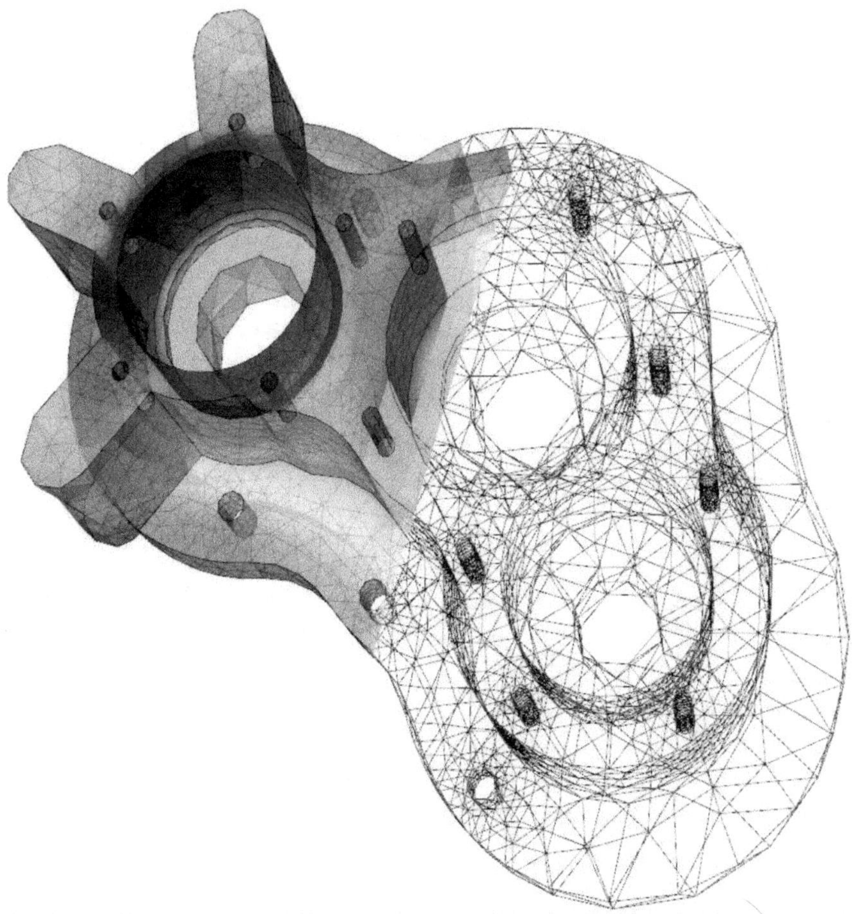

Visualisierung der Wärmeübertragung in einem Pumpengehäuse, erstellt durch Lösung der Wärmeleitungsgleichung (System von partiellen DGLs). Die Wärme wird im Inneren des Gehäuses erzeugt und an der Grenze abgekühlt, wodurch sich eine stationäre Temperaturverteilung ergibt.

$$\frac{\partial}{\partial t} u(\vec{x}, t) - a \cdot \Delta u(\vec{x}, t) = f(\vec{x}, t) \text{ mit } \Delta u = \nabla^2 u = \begin{pmatrix} \frac{\partial u}{\partial x} \\ \frac{\partial u}{\partial y} \\ \frac{\partial u}{\partial z} \end{pmatrix}^2 u = \frac{\partial^2 u}{\partial x^2} + \frac{\partial^2 u}{\partial y^2} + \frac{\partial^2 u}{\partial z^2}.$$

Inhomogene lineare Differentialgleichungen

Um eine inhomogene lineare Differentialgleichung zu lösen, wird zuerst die allgemeine Lösung der homogenen Differentialgleichung $y_h(x)$ bestimmt. Anschliessend wird *eine* partikuläre Lösung $y_p(x)$ der inhomogenen Differentialgleichung gesucht.

Die allgemeine Lösung $y(x)$ einer inhomogenen linearen DGL ist die Summe aus der allgemeinen Lösung $y_h(x)$ der homogenen DGL und einer partikulären Lösung $y_p(x)$ der inhomogenen Differentialgleichung.

Es gibt mehrere Methoden zum Auffinden einer partikulären Lösung der inhomogenen Differentialgleichung. Oft hilft ein Lösungsansatz in der Form der Inhomogenität.

Lösungsansatz für eine inhomogene Differentialgleichung 1. Ordnung: $y' + a \cdot y = g(x)$

Störfunktion $g(x)$	Lösungsansatz $y_p(x)$
Konstante Funktion $g(x) = a_0$	Konstante Funktion $y_p = c_0$
Lineare Funktion $g(x) = a_1 \cdot x + a_0$	Lineare Funktion $y_p = c_1 \cdot x + c_0$
Quadratische Funktion $g(x) = a_2 \cdot x^2 + a_1 \cdot x + a_0$	Quadratische Funktion $y_p = c_2 \cdot x^2 + c_1 \cdot x + c_0$
Polynomfunktion vom Grade n $g(x) = a_n \cdot x^n + \dots + a_2 \cdot x^2 + a_1 \cdot x + a_0$	Polynomfunktion vom Grade n $y_p = c_n \cdot x^n + \dots + c_2 \cdot x^2 + c_1 \cdot x + c_0$
Trigonometrische Funktion $g(x) = A_1 \cdot \sin(\omega \cdot x) + A_2 \cdot \cos(\omega \cdot x)$	Trigonometrische Funktion $y_p = c_1 \cdot \sin(\omega \cdot x) + c_1 \cdot \cos(\omega \cdot x)$ oder $y_p = c \cdot \sin(\omega \cdot x + \varphi)$
Exponentialfunktion $g(x) = A \cdot e^{\lambda \cdot x}$	Exponentialfunktion $y_p = c \cdot e^{\lambda \cdot x}$ für $\lambda \neq -a$ $y_p = c \cdot x \cdot e^{\lambda \cdot x}$ für $\lambda = -a$

Anmerkungen:

- Die im jeweiligen Lösungsansatz y_p enthaltenen Parameter sind so zu bestimmen, dass diese Funktion eine partikuläre Lösung der vorgegebenen inhomogenen Differentialgleichung darstellt.
- Besteht die Störfunktion $g(x)$ aus mehreren additiven Störgliedern, so erhält man den Lösungsansatz für y_p als Summe der Lösungsansätze für die Einzelglieder gemäss der Tabelle.
- Liegt die Störfunktion in Form eines Produktes vom Typ $g(x) = g_1(x) \cdot g_2(x)$ vor, so sucht man die Lösungsansätze für die beiden Faktorfunktionen $g_1(x)$ und $g_2(x)$ auf und multipliziert diese miteinander. Der Lösungsansatz ist also durch das Produkt $y_p(x) = y_1(x) \cdot y_2(x)$ gegeben, wobei $y_1(x)$ und $y_2(x)$ die Lösungsansätze für die beiden „Störfaktoren" $g_1(x)$ und $g_2(x)$ sind.

Lösungsansatz für eine inhomogene Differentialgleichung 2. Ordnung: $y'' + a \cdot y' + b \cdot y = g(x)$

Störfunktion $g(x)$	Lösungsansatz $y_p(x)$
Polynomfunktion vom Grade n $g(x) = a_n \cdot x^n + \ldots + a_2 \cdot x^2 + a_1 \cdot x + a_0$	Polynomfunktion vom Grade n $y_p = c_n \cdot x^n + \ldots + c_1 \cdot x + c_0$ falls $b \neq 0$ $y_p = x \cdot (c_n \cdot x^n + \ldots + c_1 \cdot x + c_0)$ falls $a \neq 0, b = 0$ $y_p = x^2 \cdot (c_n \cdot x^n + \ldots + c_1 \cdot x + c_0)$ falls $a = b = 0$
Trigonometrische Funktion $g(x) = a_1 \cdot \sin(\omega \cdot x) + a_2 \cdot \cos(\omega \cdot x)$	Trigonometrische Funktion $y_p = c \cdot \sin(\omega \cdot x + \varphi)$ falls $i \cdot \omega$ keine Lösung der charakteristischen Gleichung $y_p = c \cdot x \cdot \sin(\omega \cdot x + \varphi)$ falls $i \cdot \omega$ eine Lösung der charakteristischen Gleichung
Exponentialfunktion $g(x) = a \cdot e^{\lambda \cdot x}$	Exponentialfunktion $y_p = c \cdot e^{\lambda \cdot x}$ falls λ keine Lösung der charakteristischen Gleichung $y_p = c \cdot x \cdot e^{\lambda \cdot x}$ falls λ eine einfache Lösung der charakteristischen Gleichung $y_p = c \cdot x^2 \cdot e^{\lambda \cdot x}$ falls λ eine doppelte Lösung der charakteristischen Gleichung

Aufgabe 16: Lösen die folgenden inhomogenen linearen Differentialgleichungen:

     a) $y'' - 4y = 12$ mit $y(0) = 1$ und $y'(0) = 0$

     b) $y''' + y'' - 20y' = 10e^{-x}$ mit $y(0) = 1$, $y'(0) = 0$, $y''(0) = 0$

     c) $2y'' + 4y = \sin(3x)$ mit $y(0) = 1$ und $y'(0) = 0$

     d) $y'' + 4y = \cos(k \cdot x)$ mit $y(0) = (4 - k^2)^{-1}$, $y'(0) = 0$

Aufgabe 17: Löse die folgenden inhomogenen linearen Differentialgleichungen. Allenfalls musst Du die Gleichung durch Separation der Variablen lösen:

     a) $y' + 2y = e^{-x}$ $y(0) = 4$

     b) $x \cdot y' + y = 6x^2$ $y(1) = -1$

     c) $x \cdot y' + y = 4x^3 - 2x^2$ $y(1) = -3$

     d) $y'' + y' - 2y = e^{2x}$

     e) $y'' + y' - 2y = e^{x}$

     f) $y'' - y = \sin(3x)$

     g) $y' + \dfrac{y}{x} = \cos(x)$ $y(\pi) = 1$

3. Numerische Lösungsverfahren

Einleitung

Wir haben mehrere Verfahren zum exakten Lösen von Differentialgleichungen kennengelernt. Es gibt weitere solcher Verfahren, um Differentialgleichungen exakt zu lösen. Sie lassen sich jedoch leider nur bei den wenigsten Differentialgleichungen anwenden. Deswegen brauchen wir Verfahren, um auch für solche Differentialgleichungen Lösungen zu finden, für die sich keine exakte Lösung finden lässt. Es lässt sich dann nicht eine explizite Lösung in Form von einer Funktionsvorschrift angeben, sondern nur näherungsweise die numerischen Funktionswerte. Eines der einfachsten solcher numerischer Lösungsverfahren hierfür ist das Euler[2]-Verfahren. Wesentlich besser ist das Runge-Kutta-Verfahren.

Das Euler-Verfahren

Durch die die Differentialgleichung $y' = g(y, x)$ ist die Steigung von y im Punkt $P(x|y)$ gegeben. Wir beginnen beim Anfangswert $y(x_0) = x_0$ und berechnen die Steigung in diesem Punkt. Wir bewegen uns nun um einen Schritt der Breite $h = \Delta x$ entlang der horizontalen Achse. Den neuen Funktionswert $y(x)$ schätzen wir, indem wir annehmen, dass sich die Funktion mit der Steigung y' linear fortsetzt.

Aufgabe 18: Wir wollen die Differentialgleichung
  $y' = -0.5 \cdot y$ unter der Anfangsbedingung $y(0) = 100$
  mit dem Eulerverfahren lösen. Wir wollen die
  Funktionswerte im Intervall [0, 10] näherungsweise
  berechnen. Dazu teilen wir das Intervall in zehn Teile
  mit der Breite $h = \Delta x = 0.5$ ein.

  a)   Fülle die fehlenden Werte in der Tabelle aus.
       Zeichen die Punkte im untenstehenden
       Diagramm ein und beschrifte die Achsen.

x	y	Δx	y'	Δy
0	100	0.5		

---

[2]   Leonhard Euler (* 1707 in Basel; † 1783 in Sankt Petersburg) war ein Schweizer Mathematiker, Physiker, Astronom, Geograph, Logiker und Ingenieur. Er machte wichtige und weitreichende Entdeckungen in vielen Zweigen der Mathematik, wie beispielsweise der Infinitesimalrechnung und der Graphentheorie. Gleichzeitig leistete Euler fundamentale Beiträge auf anderen Gebieten wie der Topologie und der analytischen Zahlentheorie. Er prägte grosse Teile der bis heute weltweit gebräuchlichen mathematischen Terminologie und Notation.

---

b)   Löse die Differentialgleichung exakt und zeichne diese im Diagramm ein.

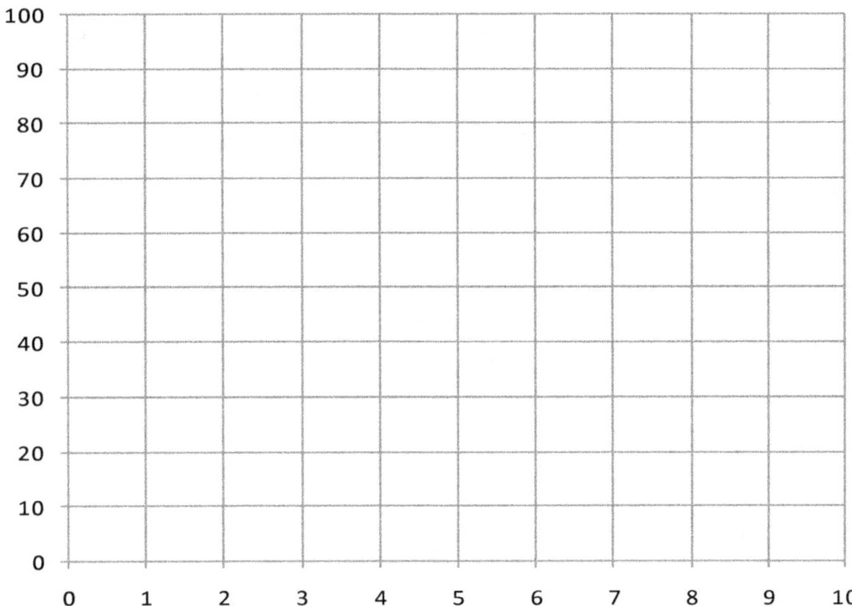

c)   Wir wollen nun das Intervall [0, 10] in immer mehr Schritte aufteilen. Zeichne und
      berechne nun die Näherung mit dem Eulerverfahren für 20, 100 und 1000 Schritte. Wie
      verhalten sich die Näherungen mit zunehmender Anzahl Schritte?
      Dies machst Du wohl am besten mit einer Tabellenkalkulation.

Aufgabe 19: Löse die Differentialgleichung $y' = -0.05\sqrt{y}$ (Ausfluss der Flüssigkeit aus einem
      Gefäss) für den Anfangswert $y(0) = 0.2$ mit einer Schrittweite von $h = 2$ bis zur Stelle $x = 10$.

Aufgabe 20: Gegeben ist die Differentialgleichung $y' = x^2 - 3x$ mit der Anfangsbedingung
      $y(0) = 2$. Wie lautet die explizite Lösung dieser Differentialgleichung?
      Berechne mittels des Eulerverfahrens und der Schrittweite $h = 0.5$ näherungsweise den
      Funktionswert $f(1)$ und vergleiche den Näherungswert mit dem exakten Wert von $f(1)$.

Aufgabe 21: Gegeben ist die Differentialgleichung $y' = y^2 + y$ mit der Startbedingung $y(0) = 1$.
      Löse die Gleichung mit dem Eulerverfahren. Wähle die Schrittweite $h = 0.5$. Berechne einen
      Näherungswert für $y(2)$.

Das Runge-Kutta-Verfahren

Das Euler-Verfahren konvergiert eher langsam gegen die exakte Lösung. Die Berechnung eines Iterationsschrittes ist beim Runge-Kutta-Verfahren deutlich aufwändiger. Der Rechenaufwand, der betrieben werden muss, um eine gute Näherung zu erhalten, ist jedoch deutlich kleiner. Wir besprechen im Folgenden das klassische, d.h. vierstufige Runge-Kutta-Verfahren.

Wir betrachten eine Differentialgleichung erster Ordnung und bekanntem Anfangswert

$$y'(x) = f(x, y) \qquad\qquad y(x_0) = y_0$$

Mit der Schrittweite h wird der Funktionswert an vier Stellen ausgewertet:

$$k_1 = f(x_i, y_i)$$
$$k_2 = f\left(x_i + \frac{h}{2}, y_i + \frac{h}{2}k_1\right)$$
$$k_3 = f\left(x_i + \frac{h}{2}, y_i + \frac{h}{2}k_2\right)$$
$$k_4 = f(x_i + h, y_i + h \cdot k_3)$$

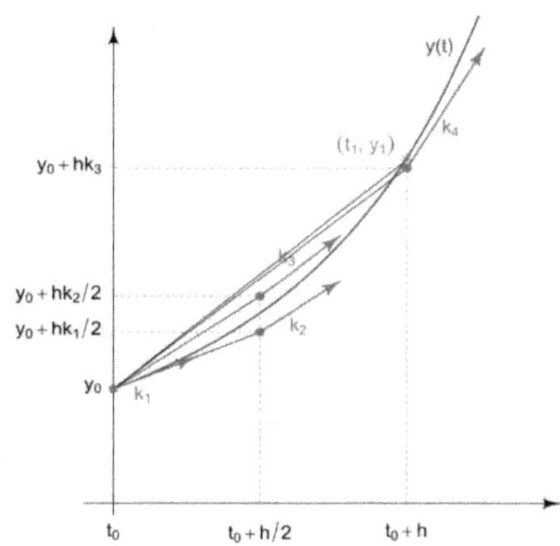

Die Werte k der Funktion f stellen die Steigungen der Funktion y(x) an den vier Stellen dar.

Die Rekursionsgleichung zur Berechnung der Näherung lautet dann

$$y_{i+1} = y_i + h \cdot \frac{1}{6}\left(k_1 + 2k_2 + 2k_3 + k_4\right), \quad i = 0, 1, \ldots$$

Aufgabe 22: Löse nun die die Differentialgleichung $y' = 2 \cdot y$ unter der Anfangsbedingung $y(0) = 1$ im Intervall $[0, 1]$. Welchen Wert berechnest Du an der Stelle $x = 1$?

    a)   Löse das Problem mit dem Eulerverfahren mit der Schrittweite $h = 0.1$.

    b)   Berechne den Wert mit dem Runge-Kutta-Verfahren mit der Schrittweite $h = 1$.

    c)   Berechne die exakte Lösung.

Aufgabe 23: Gegeben ist die Differentialgleichung $y' = x^2 - 3x$ mit der Anfangsbedingung $y(0) = 2$. Berechne mittels des Runge-Kutta-Verfahrens und der Schrittweite $h = 1$ näherungsweise den Funktionswert $f(1)$ und vergleiche den Näherungswert mit dem exakten Wert von $f(1)$.

Aufgabe 24: Gegeben ist die Differentialgleichung $y' = x \cdot y^2$ mit der Anfangsbedingung $y(0) = 1$. Berechne mittels des Runge-Kutta-Verfahrens und der Schrittweite $h = 0.5$ näherungsweise den Funktionswert $f(0.5)$. Kannst Du die Differentialgleichung auch analytisch lösen? Welches ist der genaue Wert von $f(0.5)$.

Aufgabe 25: Gegeben ist die Differentialgleichung $y' = y^2 + y$ mit der Startbedingung $y(0) = 1$. Löse die Gleichung mit dem Runge-Kutta-Verfahren. Wähle die Schrittweite $h = 0.5$. Berechne einen Näherungswert für $y(1)$.

4. Graphische Darstellung

Richtungsfelder

Differentialgleichungen erster Ordnung $y'(x) = f(y, x)$ können durch ihr Richtungsfeld graphisch dargestellt werden:

In jedem Punkt $P(x \mid y)$ des Koordinatensystems ist durch die Differentialgleichung $y' = f(x, y)$ die Steigung von y gegeben und sie kann somit berechnet werden.

Im Koordinatensystem vermerkt man die Steigung im Punkt $P(x \mid y)$ mit einem kurzen Strich durch den Punkt P mit der entsprechenden Steigung. Dies macht man in vielen Punkten und erhält so einen Eindruck des Richtungsfeldes der vorliegenden Differentialgleichung.

In der obersten Figur ist als Beispiel das Richtungsfeld der Differentialgleichung $y' = y$ abgebildet.

Das Richtungsfeld gibt eine grobe Vorstellung von den möglichen Lösungen. Jeder Graph, der sich ‚stimmig' in das Richtungsfeld einzeichnen lässt, entspricht dem Graphen einer möglichen Lösungsfunktion der Differentialgleichung. Mit ‚stimmig' ist gemeint, dass die Steigung des Graphen mit der Steigung des Richtungsfeldes der Differentialgleichung an jeder Stelle übereinstimmt.

In der mittleren Figur siehst du einen mit dem Richtungsfeld einer Differentialgleichung ‚stimmigen' Graphen (Exponentialfunktion) und einen ‚nicht stimmigen' (Polynom dritten Grades).

Zu einem Richtungsfeld gibt es jedoch unendlich viele Lösungen, d.h. Graphen, die sich ‚stimmig' in das Richtungsfeld einpassen lassen (vgl. Figur).

Ist der Anfangswert bekannt, d.h. man kennt den Funktionswert an einer bestimmten Stelle $y(t_0) = y_0$, so ist die Lösung eindeutig bestimmt. Weiss man beim Beispiel in Figur 3 zusätzlich, dass $y(0) = 1$ gilt, so kommt als Lösung nur noch der oberste in der Figur gezeichnete Graph in Frage.

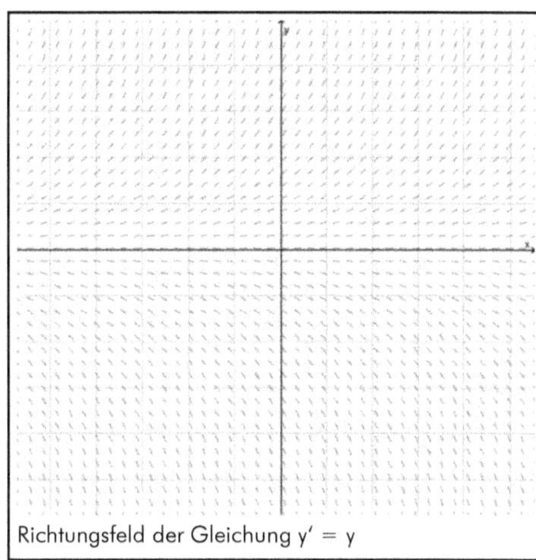

Richtungsfeld der Gleichung $y' = y$

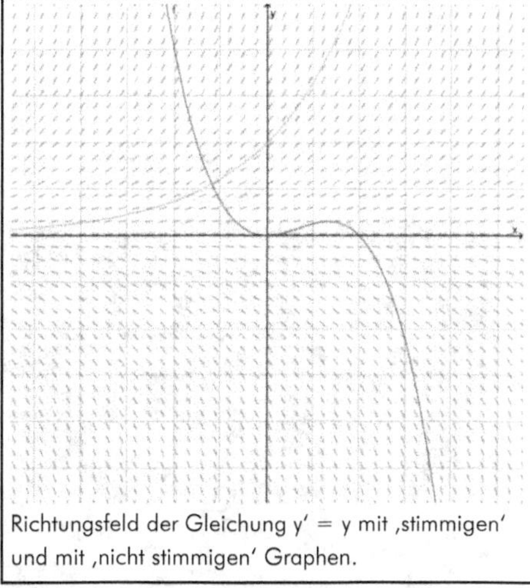

Richtungsfeld der Gleichung $y' = y$ mit ‚stimmigen' und mit ‚nicht stimmigen' Graphen.

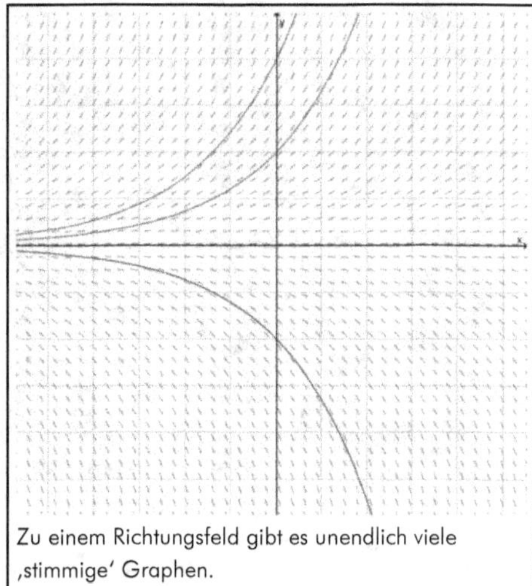

Zu einem Richtungsfeld gibt es unendlich viele ‚stimmige' Graphen.

Aufgabe 26: Richtungsfelder von Differentialgleichungen.

a) Zeichne bei den folgende Differentialgleichungen das Richtungsfeld von Hand
oder mit GeoGebra oder Wolfram Alpha.
Überlege Dir mögliche Lösungskurven:

i) $y' = x$

ii) $y' \cdot x = 1$

iii) $y' = y$

iv) $y' = \dfrac{1}{y^2+1}$

v) $y' = x - y$

vi) $yy' + x = 0$

vii) $y' = e^{x-y}$

b) Findest Du zu den Aufgaben a bis c die explizite Lösung?

c) Löse die Differentialgleichungen a bis c unter den gegebenen Anfangsbedingungen:

zu a) $y(0) = -2$

zu b) $y(1) = 1$

zu c) $y(0) = 0.5$

Zeichne die gefundenen Lösungen in die entsprechenden Richtungsfelder ein, die Du bei
der Tailaufgabe a gefunden hast.

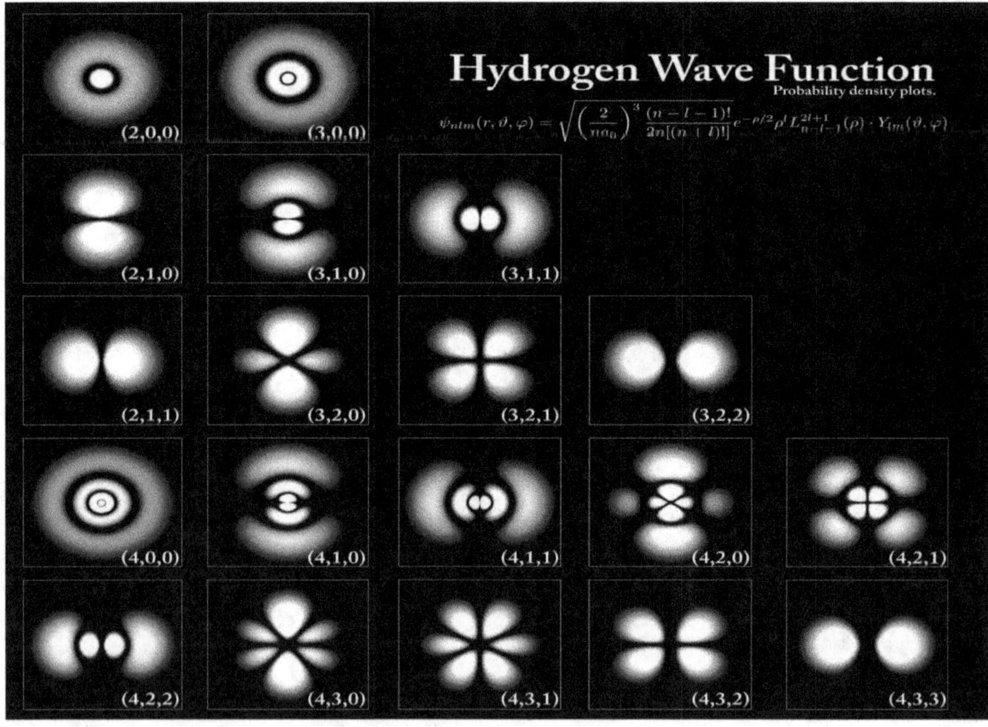

Lösungen der Schrödingergleichung für das Wasserstoffatom:

$$\left(-\frac{\hbar^2}{2\mu}\Delta - \frac{Ze^2}{4\pi\varepsilon_0 r} \right)\Psi(\vec{r}) = E\Psi(\vec{r}) \quad \text{mit } \mu = \frac{m_e m_k}{m_e + m_k}$$

5. Anwendungen

Aufgabe 27: Der Innenraum eines Backofens hat die Temperatur T = 250°C. Die Raumtemperatur beträgt 20°C. Der Ofen wird nun ausgeschaltete und beginnt sich abzukühlen. Die Temperatur T(t) im Ofen ist also eine Funktion der Zeit t in Minuten. Die Änderung der Temperatur T′(t) ist proportional zur Temperaturdifferenz zwischen Innenraum und der Umgebung. Diese Differentialgleichung drückt dies aus: $T'(t) = -0.02 \frac{1}{\min} \left[T(t) - 20°C \right]$.

Überlege Dir, weshalb diese Gleichung eine sinnvolle Beschreibung des Prozesses ist. Berechne die Funktion T(t). Wie lange dauert es bis, der Ofen sich auf 135°C abgekühlt hat?

Aufgabe 28: Der Durchmesser d(t) einer Fichte auf ein Meter Höhe über dem Boden in Abhängigkeit des Alters t in Jahren wird näherungsweise beschrieben durch die Differentialgleichung
$d'(t) = 0.05 \, d(t) \cdot [1 - d(t)]$
Wir wissen, dass eine 0-jährige Fichte einen Durchmesser von 0.05 Meter hat.

a)   Berechne den Durchmesser der Fichte nach 50 Jahren näherungsweise mit dem Euler-Verfahren (Schrittweite 10 Jahre).

b)   Berechne den Durchmesser der Fichte nach 50 Jahren näherungsweise mit dem Runge-Kutta-Verfahren (Schrittweite 50 Jahre).

c)   Es soll überprüft werden, dass die Funktion
$$d(t) = \frac{e^{0.05t}}{19 + e^{0.05t}}$$ eine Lösung der Differentialgleichung ist. Berechne den exakten Durchmesser nach 50 Jahren.

d)   Gesucht ist eine Skizze des Graphen der Wachstumsfunktion in einem relevanten Bereich. Gegen welchen Wert strebt der Durchmesser der Fichte?

Aufgabe 29: Das Wachstum einer Taufliegen-Population unter Laborbedingungen kann näherungsweise durch die Differentialgleichung
$N'(t) = 0.0006 \, N(t) \cdot [350 - N(t)]$
beschrieben werden. N(t) bezeichnet die Anzahl Taufliegen zur Zeit t in Tagen.

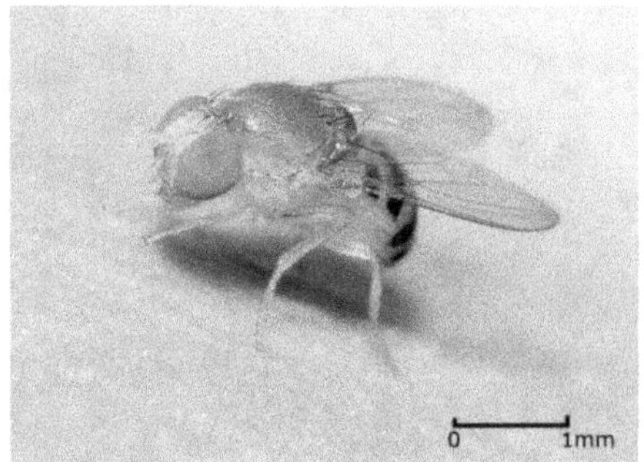

a)   Erkläre, weshalb diese Differential-gleichung eine sinnvolle Beschreibung einer Taufliegen-Population darstellt.

b)   Löse die Differentialgleichung.

c)   Wie sieht die Wachstumskurve N(t) aus? Gegen welche Anzahl Taufliegen strebt die Population?

Aufgabe 30: Versenken von Atommüll im Meer.
Über Jahre hinweg wurde radioaktives Material
eingeschlossen in Fässern im Meer versenkt,
typischerweise in Regionen, wo die Meerestiefe
rund 100 m beträgt. Von Interesse war dabei
unter anderem die Aufprallgeschwindigkeit der
Fässer auf dem Meeresboden. Eine Aufprallgeschwindigkeit von 20 m/s und mehr galt für
die verwendeten Fässer als höchst kritisch. Die
Messung der Aufprallgeschwindigkeit ist
technisch nicht ganz einfach. Hingegen lässt sich
das Absinken der Fässer mittels eines einfachen
physikalischen Modells ohne Probleme
simulieren.

a)   Welche Kräfte wirken auf das Fass?

b)   Stelle die Bewegungsgleichung für das
     Fass auf.

c)   Unter Berücksichtigung fässerspezifischer Parameter finden wir folgende
     Bewegungsgleichung: $s''(t) = 3.477 - 0.015982s'$
     Hat diese Bewegungsgleichung wirklich dieselbe Form, wie die von Dir bei b. gefundene
     Bewegungsgleichung?

d)   Die Gleichung ist zweiten Grades. Wir interessieren uns jedoch nur für die
     Geschwindigkeit. Kannst Du die Gleichung als Differentialgleichung für v darstellen?

e)   Die Fässer werden zur Zeit $t = 0$ mit der Anfangsgeschwindigkeit $v(0) = 0$ versenkt. Löse
     die Gleichung mit dem Eulerverfahren. Schwierig: Findest Du auch eine explizite Lösung?

f)   Ist das Versenken der Fässer vom Standpunkt des Berstens aufgrund dieser
     Modellannahmen kritisch oder nicht?

Aufgabe 31: Approximation der Zahl e.
Gegeben ist die Differentialgleichung $y' = y$ mit
der Anfangsbedingung $y(0) = 1$. Diese
Differentialgleichung hat die Lösung $y = e^t$.
Insbesondere erhält man also für den
Funktionswert $y(1) = e$. Löst man die
Differentialgleichung ausgehend vom Startwert
mit dem Eulerverfahren numerisch, lässt sich also
die Eulerzahl approximieren. Welchen
Näherungswert für e liefert das Eulerverfahren
bei Schrittweite $\Delta t = 0.1$ bzw. bei Schrittweite
$\Delta t = 0.01$?

Lösungen

1. Die Lösungen stimmen alle ☺

2. Ja, es sind alles Differentialgleichungen.

3. a) $C = 5$, $\quad y = x + 5e^{-x}$
   b) $C = 10$, $\quad y = 10x^3 - x^2$

   c) $C = -1 \quad\quad y = -\dfrac{1 + \cos(x)}{x}$

   d) $C = 2 \quad\quad y = \dfrac{1}{1 + x + 2e^x}$

4. Zeige sowohl, dass die Anfangsbedingung wie auch die Differentialgleichung erfüllt sind.

5. Zeige sowohl, dass die Anfangsbedingung wie auch die Differentialgleichung erfüllt sind.

6. a) lineare (1. Grad), homogene DGL 3. Ordnung
   b) nicht-lineare, inhomogene DGL 1. Ordnung
   c) nicht-lineare (2. Grad), inhomogene DGL 2. Ordnung
   d) lineare (1. Grad), inhomogene DGL 1. Ordnung
   e) lineare (1. Grad), inhomogene DGL 2. Ordnung
   f) lineare (1. Grad), homogene DGL 4. Ordnung

7. a) $y = e^{-\frac{1}{2}x^2 + c} = y_0 \cdot e^{-\frac{1}{2}x^2}$

   b) $y = \dfrac{1}{c - x}$ $\quad$ c) $y = \pm\sqrt{x^2 + c}$

   d) $y = c \cdot x$ $\quad\quad$ e) $y = \pm\sqrt{x^2 - 1}$

8. a) $y = \dfrac{1}{2}x^2 + x - 1$

   b) $y = 3 - e^{-\frac{x}{2}}$

   c) $y = 5 - 3 \cdot e^x$

   d) $y = \dfrac{1}{\cos(x) + 1}$

   e) $y = 7 \cdot \sqrt{2x - 1}$

9. Nur die DGL d ist nicht linear.
   DGL d ist homogen.
   Keine der DGLs ist linear und homogen.

10. –

11. a) $y = c \cdot e^x = y_0 \cdot e^x$

    b) $y = c \cdot e^{-x} = y_0 \cdot e^{-x}$

    c) $y = c_1 \cdot \cos(x + c_2) = \hat{y} \cdot \cos(x + \varphi_0)$

    d) $y = c_1 \cdot e^{-\frac{x}{2}} \sin\left(\frac{\sqrt{3}}{2}x\right) + c_2 \cdot e^{-\frac{x}{2}} \cos\left(\frac{\sqrt{3}}{2}x\right)$

    $\quad = c_3 \cdot e^{-\frac{x}{2}} \sin\left(\frac{\sqrt{3}}{2}x + c_4\right)$

    e) $y = c_1 \cdot e^{-3x} + c_2 \cdot e^{2x}$

12. a) $y = c \cdot e^x$; $y = 2 \cdot e^x$ $\quad$ b) $\quad y = c \cdot e^{-x}$; $y = e^{-x}$

    c) $y = c_1 e^{-x} + c_2 e^{2x} + c_3$; $y = -\frac{2}{3}e^{-x} + \frac{1}{6}e^{2x} + \frac{5}{2}$

    d) $y = c_1 \cdot e^{-3x} + c_2 \cdot e^{2x}$; $y = \dfrac{2}{5} \cdot e^{-3x} + \dfrac{3}{5} \cdot e^{2x}$

    e) $y = c_1 \cdot \sin(x) + c_2 \cdot \cos(x)$; $y = 5 \cdot \cos(x)$

    f) $y = c_1 \cdot e^{-\frac{x}{2}} \sin\left(\frac{\sqrt{3}}{2}x\right) + c_2 \cdot e^{-\frac{x}{2}} \cos\left(\frac{\sqrt{3}}{2}x\right)$

    $\quad y = \dfrac{\sqrt{3}}{3} \cdot e^{-\frac{x}{2}} \sin\left(\frac{\sqrt{3}}{2}x\right) + e^{-\frac{x}{2}} \cos\left(\frac{\sqrt{3}}{2}x\right)$

13. a) $y = \dfrac{1}{2}\left(e^{-2x} + e^{2x}\right)$ $\quad$ b) $\quad y = 25e^{4x} - 16e^{-5x} - 8$

    c) $y = \cos\left(\sqrt{2} \cdot x\right)$ $\quad\quad$ d) $\quad y = \cos(2 \cdot x)$

14. a) $y(x) = c_1 e^x + c_2 e^{2x}$

    b) $y(x) = c_1 e^{(-1 + \sqrt{5}) \cdot x} + c_2 e^{(-1 - \sqrt{5}) \cdot x} + c_3 e^x$

    c) $y(x) = (a + bx) \cdot e^{2x}$

    d) $y(x) = e^{\frac{-x}{2}}\left(c_1 \cdot e^{\frac{\sqrt{3}}{2} \cdot i \cdot x} + c_2 \cdot e^{-\frac{\sqrt{3}}{2} \cdot i \cdot x}\right)$

    $\quad = c_1 e^{\frac{-x}{2}} \sin\left(\frac{\sqrt{3} \cdot x}{2}\right) + c_2 e^{\frac{-x}{2}} \cos\left(\frac{\sqrt{3} \cdot x}{2}\right)$

    e) $y(x) = c_1 e^{\sqrt{26+4} \cdot x} + c_2 e^{-\sqrt{26+4} \cdot x}$
    $\quad\quad + c_3 e^{\sqrt{26-4} \cdot i \cdot x} + c_4 e^{-\sqrt{26-4} \cdot i \cdot x}$

    $\quad = c_1 e^{\sqrt{26+4} \cdot x} + c_2 e^{-\sqrt{26+4} \cdot x}$
    $\quad\quad + c_3 \sin\left(\sqrt{26-4} \cdot x\right) + c_4 \cos\left(\sqrt{26-4} \cdot x\right)$

    f) $y(x) = c_1 e^{-x} x^5 + c_2 e^{-x} x^4 + c_3 e^{-x} x^3$
    $\quad\quad + c_4 e^{-x} x^2 + c_5 e^{-x} x + c_6 e^{-x}$

15. a) $y(x) = (2 - 3x) \cdot e^{2x}$

    b) $y(x) = 4 \cdot e^{\frac{-x}{2}} \cdot \cos\left(\frac{\sqrt{3} \cdot x}{2}\right)$

    c) $y(x) = e^x$

    d) $y(x) = \dfrac{1}{6}e^{-x}\left(6 + 12x + 15x^2 + 12x^3 + 6x^4 + 2x^5\right)$ ☺

16. a) $y(x) = c_1 e^{-2x} + c_2 e^{2x} - 3$; $y(x) = 2e^{-2x} + 2e^{2x} - 3$

    b) $y(x) = c_1 e^{-5x} + c_2 e^{4x} + c_3 + \dfrac{1}{2}e^{-x}$

    $\quad y(x) = -\dfrac{1}{18}e^{-5x} + \dfrac{1}{18}e^{4x} + \dfrac{1}{2} + \dfrac{1}{2}e^{-x}$

    c) $y(x) = c_1 \cdot \cos\left(\sqrt{2}x\right) + c_2 \cdot \sin\left(\sqrt{2}x\right) - \dfrac{1}{14}\sin(3x)$

    $\quad y(x) = \cos\left(\sqrt{2}x\right) + \dfrac{3\sqrt{2}}{28}\sin\left(\sqrt{2}x\right) - \dfrac{1}{14}\sin(3x)$

    d) $y(x) = c_1 \cdot \sin(2x) + c_2 \cdot \cos(2x) + \dfrac{1}{4 - k^2}\cos(k \cdot x)$

    $\quad y(x) = \dfrac{1}{4 - k^2}\cos(k \cdot x)$

17. a) $y(x) = 3 \cdot e^{-2x} + e^{-x}$

b) $y(x) = 2x^2 - \dfrac{3}{x}$

c) $y(x) = x^3 - \dfrac{2}{3}x^2 - \dfrac{10}{3x}$

d) $y = C_1 \cdot e^x + C_2 \cdot e^{-2x} + 0.25e^{2x}$

e) $y = C_1 \cdot e^x + C_2 \cdot e^{-2x} + {}^1\!/_3 \cdot x \cdot e^x$

f) $y = C_1 \cdot e^x + C_2 \cdot e^{-x} - 0.1\sin(3x)$

g) $y(x) = \dfrac{1}{x} \cdot \left(\cos(x) + x \cdot \sin(x) + \pi + 1 \right)$

18. a)

x	Δx	y	y'	Δy
0.00	0.50	100.00	-50.00	-25.00
0.50	0.50	75.00	-37.50	-18.75
1.00	0.50	56.25	-28.13	-14.06
1.50	0.50	42.19	-21.09	-10.55
2.00	0.50	31.64	-15.82	-7.91
2.50	0.50	23.73	-11.87	-5.93
3.00	0.50	17.80	-8.90	-4.45
3.50	0.50	13.35	-6.67	-3.34
4.00	0.50	10.01	-5.01	-2.50
4.50	0.50	7.51	-3.75	-1.88
5.00	0.50	5.63	-2.82	-1.41
5.50	0.50	4.22	-2.11	-1.06
6.00	0.50	3.17	-1.58	-0.79
6.50	0.50	2.38	-1.19	-0.59

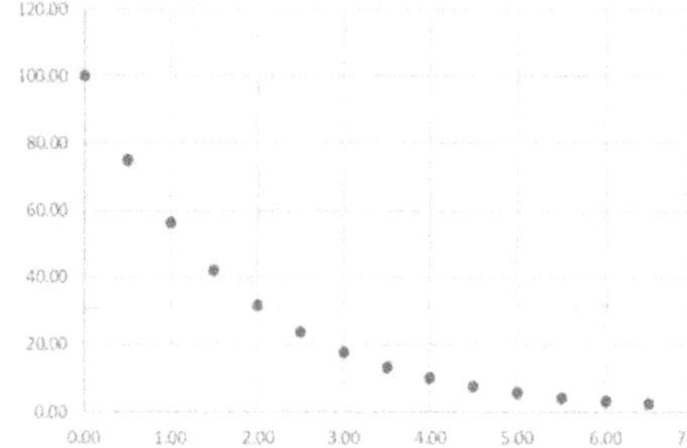

b) $y(x) = 100 \cdot e^{-\frac{x}{2}}$

c) Euler-Verfahren mit zunehmender Anzahl Schritte

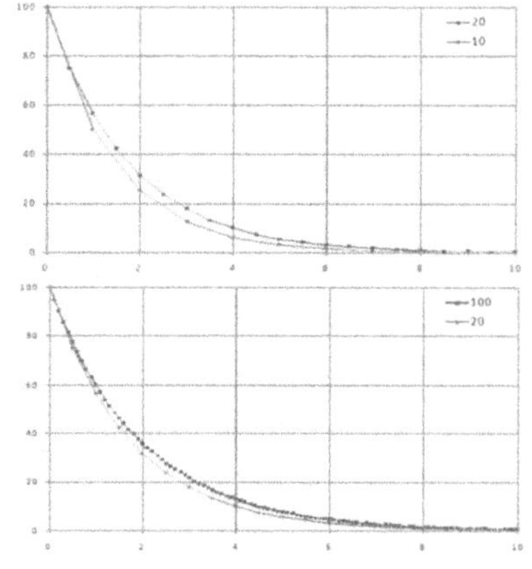

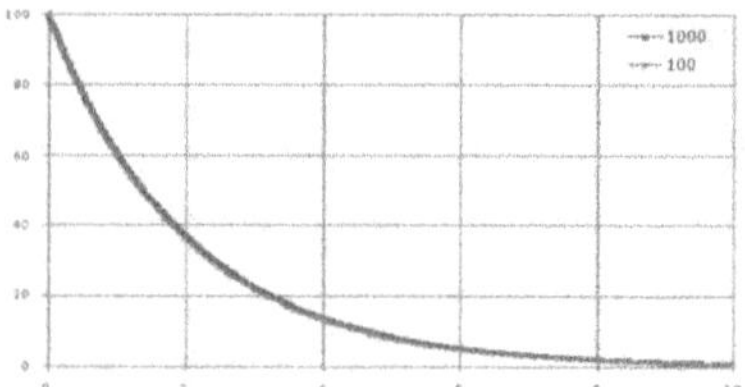

19. $y(10) \approx 0.0302$

$y(10) = 0.0388932$

x	Δx	y	y'	Δy
0.00	2.00	0.2000	-0.02236068	-0.04
2.00	2.00	0.1553	-0.01970271	-0.04
4.00	2.00	0.1159	-0.01702008	-0.03
6.00	2.00	0.0818	-0.01430324	-0.03
8.00	2.00	0.0532	-0.01153544	-0.02
10.00	2.00	0.0302	-0.0086827	-0.02

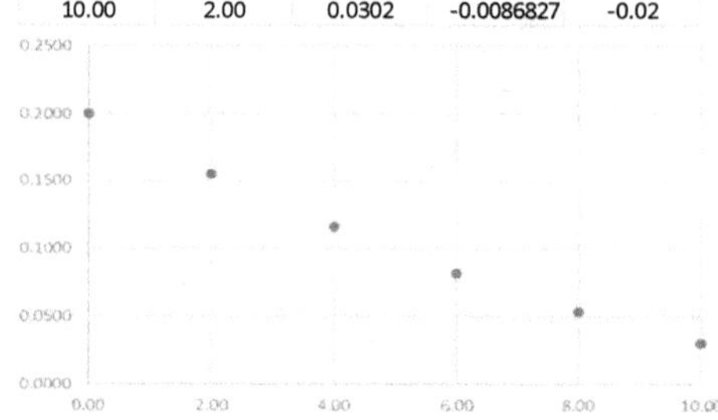

20. $y(t) = \dfrac{1}{3}x^3 - \dfrac{3}{2}x^2 + 2$

Exakter Wert: $\quad y(1) = 0.8333$

Näherung: $\quad y(1) = 1.375$

21. $y(2) \approx 230$

22. a) $y(1) \approx 6.19\ldots$

b) $y(1) \approx 7$

c) $y(1) = 7.389\ldots$

23. $y(1) \approx 0.8333\ldots$

$y(1) = 0.8333\ldots$

$y(1) \approx 1.375$ (Euler mit $h = 0.5$)

24. $k_1 = 0 \qquad\qquad k_2 = 0.25$

$k_3 = 0.2822 \qquad k_4 = 0.6510$

$k = 0.28592 \qquad y(0.5) \approx 1.14296$

$y(x) = \dfrac{-2}{x^2 - 2} \qquad y(0.5) = {}^8\!/_7 = 1.14286$

25. $k_1 = 2 \qquad\qquad k_2 = 3.75$

$k_3 = 5.6914 \qquad k_4 = 18.6351$

$k = 6.5863 \qquad y(0.5) \approx 4.2931$

$y(x) = \dfrac{e^x}{e^x - 2} \qquad y(0.5) = 4.69348$

26. a.i)

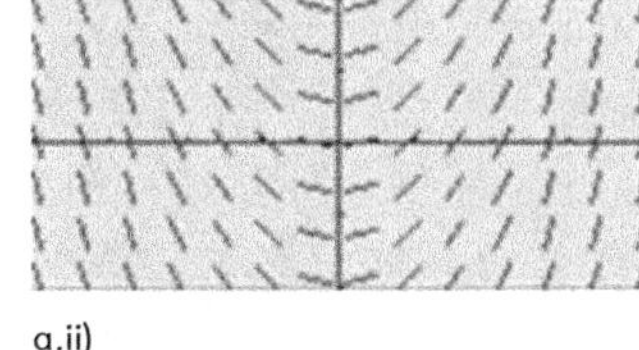

a.ii)

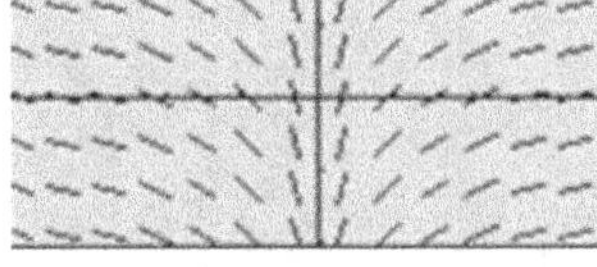

a.iil)

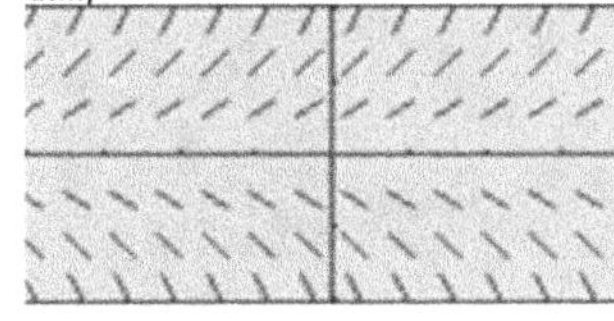

a.iv)

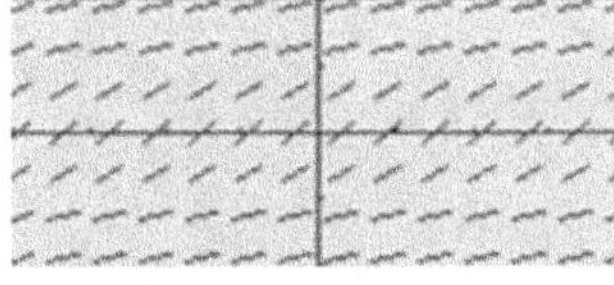

a.v)

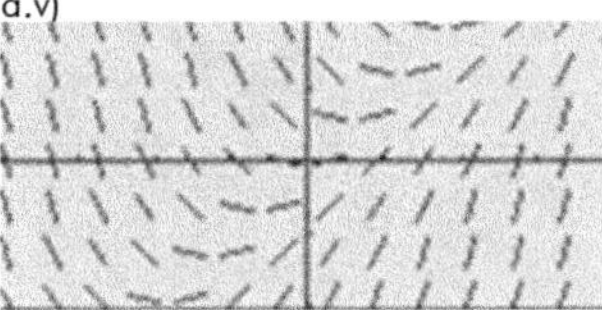

a.vi)

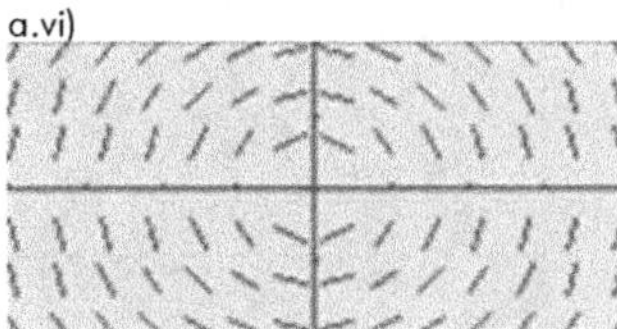

a.vii)

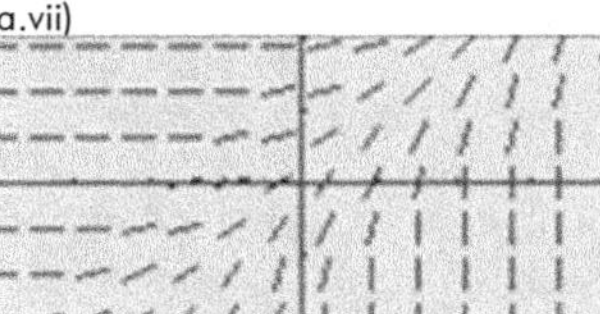

b) a) $y' = x \rightarrow y(x) = \frac{1}{2}x^2 + C$

b) $y' \cdot x = 1 \rightarrow y(x) = \ln(|x|) + C$

c) $y' = y \rightarrow y(t) = C \cdot e^x$

c) a) $y' = x$ mit $y(0) = -2 \rightarrow y(x) = \frac{1}{2}x^2 - 2$

b) $y' \cdot x = 1$ mit $y(1) = 1 \rightarrow y(x) = \ln(|x|) + 1$

c) $y' = y$ mit $y(0) = 0.5 \rightarrow y(x) = 0.5e^x$

27. $T(t) = 230\,°C \cdot e^{-0.02 \cdot \text{min}^{-1} \cdot t} + 20\,°C$

28. a) $d(50) \approx 0.308206$ m

b) $d(50) \approx 0.369978$ m

c) Die Überprüfung kann durch Ableiten der Funktion N(t) und Einsetzen in der Differentialgleichung erfolgen.
$d(50) = 0.390684$ m

d) Die Wachstumskurve ist eine S-Kurve. Logistisches Wachstum.

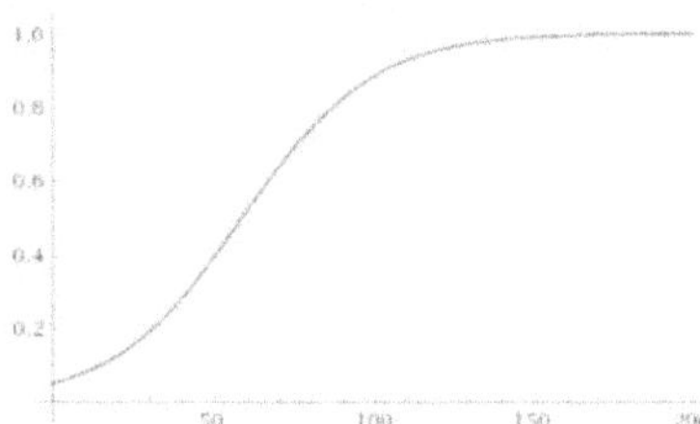

$d(\infty) = 1.0$ m

29. a) In einer Anfangsphase wächst die Population exponentiell. Das Anfangsstadium wird deshalb durch $N'(t) = 0.0006 \cdot N(t)$ gut beschrieben. Aufgrund begrenzter Ressourcen (Platz, Nahrung etc.) kann die Population nicht beliebig wachsen. 350 Fliegen scheint im betrachteten Fall eine obere Grenze zu sein. Je mehr sich die Populationsgrösse dieser Zahl nähert – umso kleiner also der Wert $350 - N(t)$ ist – desto langsamer wächst die Population.

b) $N(t) = \dfrac{350}{1 + 13 \cdot e^{-0.2 \cdot t}}$

c) Die Wachstumskurve ist eine S-Kurve. Logistisches Wachstum.
$N(\infty) = 350$

30. a) Die Gewichtskraft, der Auftrieb und die Reibungskraft.

b) $m \cdot a = m \cdot g + \rho \cdot g \cdot V - 6 \cdot \pi \cdot \eta \cdot r \cdot v$
$m \cdot s'' = m \cdot g + \rho \cdot g \cdot V - 6 \cdot \pi \cdot \eta \cdot r \cdot s'$

c) Ja, denn $s'' = C_1 - C_2 s'$

d) $v'(t) = 3.477 - 0.015982v$

e) –

f) In 100 m Tiefe beträgt die Geschwindigkeit rund 25 m/s, ist also kritisch.

31. $\Delta x = 0.1$ liefert den Näherungswert $e = 2.5937$
$\Delta x = 0.01$ den Wert $e = 2.7048$
Der exakte Wert beträgt
$e = 2.718281828459045235360287\ldots$

Bildquellen

Seite 1   „Lorenz Attraktor" von Jos Leys via IMAGINARY Open Mathematics (Creative Commons BY-SA 3.0)

Seite 11   „Wärmeleitung" via Wikimedia Commons (Creative Commons BY-SA 3.0)

Seite 14   „Leonhard Euler" von Jakob Emanuel Hanemann (Kunstmuseum Basel) via Wikimedia Commons (Public Domain)

Seite 16   „Runge-Kutta-Verfahren" von HilberTraum via Wikimedia Commons (Creative Commons BY-SA 4.0)

Seite 18   „Richtungsfeld y′ = sin y" von jjbeard via Wikimedia Commons (Public Domain)
           „Wellenfunktion des H-Atoms" von PoorLeno via Wikimedia Commons (Public Domain)

Seite 19   „Schwarze Fichte" von Treetime.ca via Wikimedia Commons (Creative Commons BY-SA 3.0)
           „Drosophila" von Muhammad Mahdi Karim via Wikimedia Commons (GNU Public Licence GFDL 1.2)

Seite 20   „Atommüllfässer" von ShinRyu Forgers via Wikimedia Commons (Creative Commons BY-SA 4.0)

Alle restlichen Graphiken von Christian Wyss (Creative Commons BY-SA 4.0)

Die Creative Commons Lizenzen sind unter https://creativecommons.org/ erhältlich.

Das vorliegende Skript wurde von Dr. Christian Wyss erstellt und ist unter www.mathema.ch zu beziehen.

Differentialgleichungen in der Physik

1. Bewegungsgleichungen

Sir Isaac Newton[1] suchte nach Möglichkeiten, Bewegungen mathematisch zu erfassen. Dazu entwickelte er die Differentialrechnung (zeitgleich mit Gottfried Wilhelm Leibniz[2]). Der Begriff der Ableitung vereinfachte die Beschreibungen und Berechnung von Geschwindigkeit und Beschleunigung wesentlich. Die grosse Leistung bestand jedoch in der Einführung eines neuen Typus von Gleichungen – der Differentialgleichungen. Mithilfe von Differentialgleichungen lassen sich unter anderem physikalische Systeme beschreiben und deren Bewegung unter dem Einfluss von äusseren Kräften berechnen. Newton ist es so gelungen, einfache Körper mit gleichförmiger Bewegung bis hin zu den Planeten auf ihren Bahnen zu beschreiben.

Ort, Geschwindigkeit und Beschleunigung

Wir betrachten einen bewegten Körper. Sein Ort x ändert sich also als Funktion der Zeit. Im Allgemeinen ändern sich auch seine Geschwindigkeit v und seine Beschleunigung a mit der Zeit. Wir definieren diese Grössen also wie folgt:

Ort

$$x = x(t)$$

Geschwindigkeit

$$v = v(t) = \frac{dx}{dt} = \dot{x}$$

Beschleunigung

$$a = a(t) = \frac{dv}{dt} = \frac{d^2x}{dt^2} = \ddot{x}$$

Bemerkung: Newton notiert die Ableitungen nach der Zeit sehr kompakt mit einem kleinen Punkt. Für die Ableitung des Weges nach der Zeit, der Geschwindigkeit, notiert er also sehr kurz $\dot{x}$. Die zweite Ableitung wird durch zwei Punkte angegeben $\ddot{x}$ (Beschleunigung).

---

[1] Sir Isaac Newton: *1643 in Woolsthorpe-by-Colsterworth in Lincolnshire; †1727 in Kensington, London
[2] Gottfried Wilhelm Freiherr von Leibniz: *1646 in Leipzig; †1716 in Hannover

---

Die Bewegungsgleichung

Du hast in der Physik die Gleichung $F = m \cdot a$ kennengelernt. Vermutlich ist dies für Dich die Definition der Kraft. Die Aussage dieser Gleichung geht jedoch wesentlich weiter. Es handelt sich dabei um die Bewegungsgleichung eines Körpers mit der Masse m unter dem Einfluss der resultierenden Kraft F. Schreiben wir anstelle von a die zweite Ableitung des Ortes $\ddot{x}$, so erhalten wir eine Differentialgleichung:

$$m \cdot \ddot{x} = F$$

Gesucht wird also der Ort x als Funktion der Zeit.

Diese Gleichung kann einfach, aber auch sehr kompliziert sein. Die resultierende Kraft F kann selbst wieder Funktion der Zeit oder des Ortes oder Geschwindigkeit sein. Wir studieren zuerst die grundlegenden Bewegungstypen.

Physikalische Systeme

Die zwei grundlegenden Bewegungstypen

Das freie Masseteilchen

Aufgabe 1: Die resultierende Kraft auf das Teilchen ist Null. Das freie Masseteilchen ist also die einfachste physikalische Situation.
   a) Stelle die Bewegungsgleichung auf und löse sie.
   b) Ist die gefundene Lösung für die Funktion x(t) eindeutig? Was ist die physikalische Bedeutung der Parameter im Ort-Zeit-Gesetz x(t)?
   c) Um welchen Bewegungstypen handelt es sich hier? Wo kommt er vor?
   d) Löse das Problem, falls sich das Teilchen zur Zeit $t = 0$ am Ort $x_0 = 5$ m befindet und sich mit der Geschwindigkeit $v_0 = 10$ m/s bewegt. Ist das Problem nun eindeutig?

Eine konstante Kraft F

Aufgabe 2: Auf ein Teilchen mit der Masse m wirkt die konstante Kraft F.
   a) Stelle die Bewegungsgleichung auf und löse sie.
   b) Ist die gefundene Lösung für die Funktion x(t) eindeutig? Was ist die physikalische Bedeutung der Parameter im Ort-Zeit-Gesetz x(t)?
   c) Um welchen Bewegungstypen handelt es sich hier? Wo kommt er vor?
   d) Löse das Problem, falls sich das Teilchen zur Zeit $t = 0$ am Ort $x_0 = 5$ m befindet und sich mit der Geschwindigkeit $v_0 = 10$ m/s bewegt. Ist das Problem nun eindeutig?

Bemerkung: In den Gleichungen, die Du hier gelöst hast, kommt jeweils die zweite Ableitung des Ortes x vor. Du findest jeweils auch zwei *Integrationskonstanten*. Diese Konstanten werden durch die *Anfangsbedingungen* festgelegt.

Komplexere Systeme

Aufgabe 3: Stelle bei den folgenden Situationen jeweils die Bewegungsgleichung auf. Löse diese. Um was für eine Bewegung handelt es sich? Welche physikalische Bedeutung haben die Integrationskonstanten?

a) *Federkraft:* Eine Masse m hängt an einer Feder mit der Federkonstante k. Löse das Problem allgemein.

   i) Löse das Problem für die Anfangsbedingung $x(0) = \frac{g \cdot m}{k}$ und $v(0) = \dot{x}(0) = 0$

   ii) Löse das Problem für die Anfangsbedingung $x(0) = \hat{x} + \frac{g \cdot m}{k}$ und $v(0) = \dot{x}(0) = 0$

b) *Stokes-Reibung:* Eine Kugel mit Masse m fällt ins Wasser und sinkt. Auf diese Kugel wirken die Gewichtskraft, der Auftrieb und die Stokes-Reibung. Löse das Problem für die Anfangsbedingungen $x(0) = h$ und $v(0) = \dot{x}(0) = 0$

Aufgabe 4: Weitere *mechanische Systeme*, die mit Hilfe einer Bewegungsgleichung beschrieben werden können, sind die folgenden. Studiere einige davon. Stelle in einem ersten Schritt die dazugehörige Differentialgleichung auf.

a) Eine homogene *Kette* mit der Masse m und der Länge L gleitet von einem Tisch. Ein Stück der Länge x hängt über die Tischkante nach unten. Zur Zeit t = 0 hängt ein Teil $x(0) = x_0$ der Kette vom Tisch hinunter und die Geschwindigkeit sei $v(0) = v_0$.

b) Das reibungsfreie *Fadenpendel* für kleine bzw. grosse Amplituden.

c) Das *Federpendel mit Reibung*. (Stokes-Reibung $F_S = 6 \cdot \pi \cdot r \cdot \eta \cdot \dot{x} = \beta \cdot \dot{x}$)

d) Das Federpendel mit Reibung und einer periodischen äusseren Kraft $F_Z = \hat{F}_Z \cdot \cos(\omega_Z \cdot t)$ (*erzwungene Schwingung*).

e) Die Fallbewegung mit turbulenter Strömung (*Newton-Reibung*).

2. Elektrische Schaltkreise

Das Verhalten von elektrischen Schaltkreisen kann oft mit Hilfe einer Differentialgleichung beschrieben werden. Die Summe aller Spannungen an einer Masche ist – unter Berücksichtigung der Vorzeichen – Null:

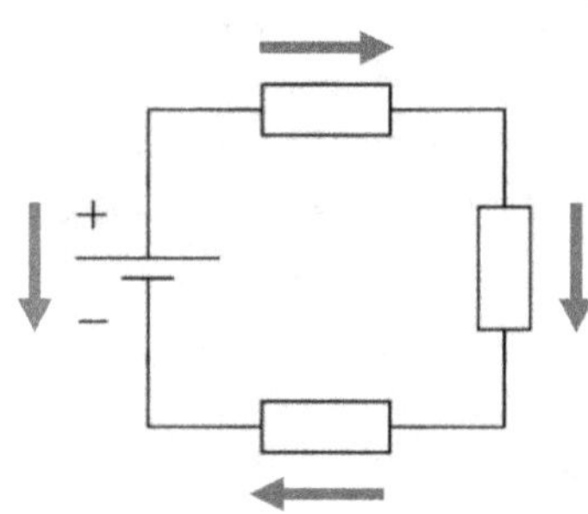

$$\sum_i R_i = 0$$

Widerstand, Kondensator und Spule

Die wesentlichen Elemente einer elektrischen Schaltung sind der Widerstand, die Kapazität (Kondensator) und die Induktivität (Spule).

Der Strom ist als Änderung der Ladung definiert. Bezeichnet Q die Ladung auf dem Kondensator und I den Strom, der aus dem Kondensator herausfliesst, so müssen wir noch das Vorzeichen berücksichtigen:

$$I = -\frac{dQ(t)}{dt} = -\dot{Q}(t)$$

Unter Berücksichtigung der Vorzeichen kann die Spannung über den Elementen als Funktion der Ladung und ihren Ableitungen ausgedrückt werden:

Kapazität C $\qquad U_C = C \cdot Q(t)$

Widerstand R $\qquad U_R = -R \cdot I = R \cdot \dot{Q}(t)$

Induktivität L $\qquad U_L = -L \cdot \dfrac{dI(t)}{dt} = L \cdot \dfrac{d\dot{Q}(t)}{dt} = L \cdot \ddot{Q}(t)$

Aufgabe 5: Stelle bei den folgenden Schaltungen jeweils die Differentialgleichung auf. Löse diese. Welche physikalische Bedeutung haben die Integrationskonstanten?

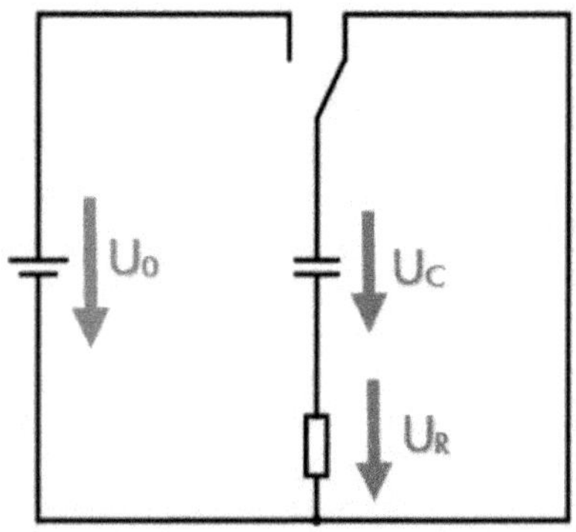

a) Ein Kondensator wird mit der Spannung U_0 geladen. Zur Zeit t = wird der Schalter umgelegt und der Kondensator entlädt sich über den Widerstand R. Löse die Differentialgleichung für die Ladung Q auf dem Kondensator mit der Anfangsbedingung $Q(0) = Q_0 = \dfrac{U_0}{C}$.

b) Wie verhält sich die Ladung Q auf dem Kondensator beim Aufladen? D.h. löse das Problem mit der Anfangsbedingung $Q(0) = Q_0 = 0$.

c) An ein RC-Glied (Tiefpass) wird eine äussere Spannung $U_e = \hat{U}_e \cdot \sin(\omega \cdot t)$ angelegt. Berechne die Spannung U_a über dem Kondensator.

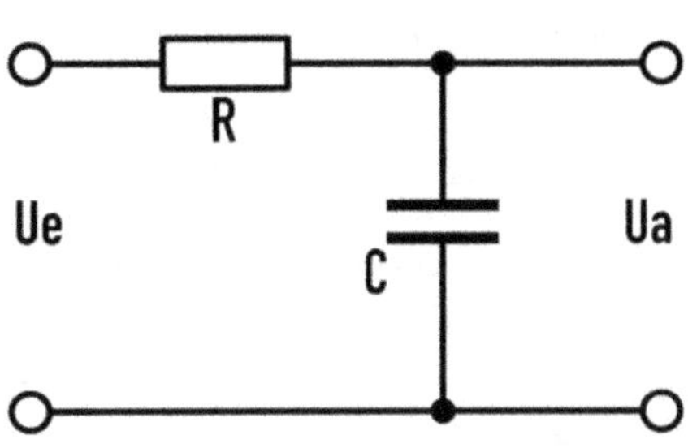

d) In diesem RC-Glied (Hochpass) ist im Gegensatz zum obigen der Kondensator und der Widerstand vertauscht. Wie verhält sich hier die Spannung U_a über dem Kondensator in Abhängigkeit der Eingangsspannung $U_e = \hat{U}_e \cdot \sin(\omega \cdot t)$?

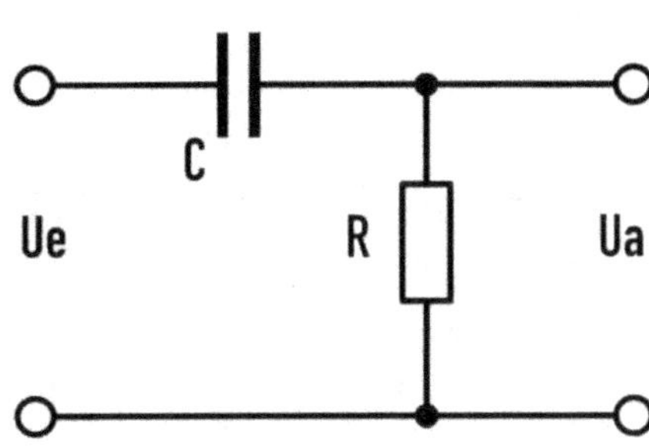

e) In einem LC-Glied (Schwingkreis) werden eine Spule und ein Kondensator in Serie geschalten. Berechne den zeitlichen Verlauf der Ladung auf dem Kondensator C unter der Anfangsbedingung

$$Q(0) = Q_0 = \frac{U_0}{C}.$$

f) Wie verhält sich die Schaltung, wenn zusätzlich noch ein Widerstand R zwischen die Kapazität C und die Induktivität L eingeschaltet wird?

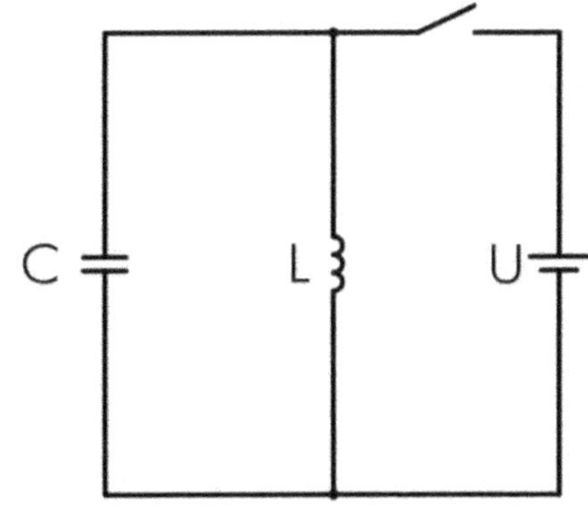

3. Diverse Systeme

Newtonsches Abkühlungsgesetz

Die durch Wärmeleitung übertragene Wärmeleistung $\dot{Q}$ wird durch das Fouriersche Gesetz (1822) beschrieben, das für den vereinfachten Fall eines festen Körpers mit zwei parallelen Wandflächen lautet:

$$\frac{dQ}{dt} = \dot{Q} = -\lambda \frac{A}{d} \cdot (T - T_K)$$

wobei $\dot{Q}$ in Watt.
Hierbei stehen die einzelnen Formelzeichen für folgende Größen:

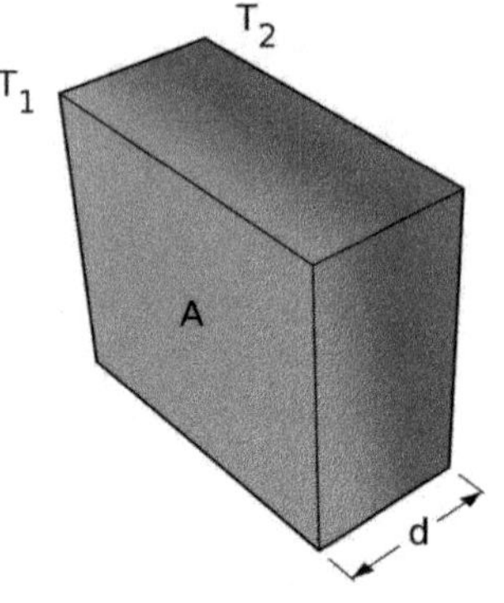

T: Temperatur der wärmeren Wandoberfläche
T_K: Temperatur der kälteren Wandoberfläche
A: Fläche, durch die die Wärme strömt
λ: Wärmeleitfähigkeit (Stoffgrösse)
d: Dicke der Wand

Für die die Wärme gilt:

$$\Delta Q = c \cdot m \cdot \Delta T$$

$$dQ = c \cdot m \cdot dT$$

Wir finden also:

Material	Wärmeleitfähigkeit [W·m⁻¹·K⁻¹]
Holz	0.09 ... 0.19
Glas	0.76
Beton	2.1
Stahl	≈ 50
EPS	0.035
Silber	429
Schnee	0.16
Wasser	0.56
Vakuumplatte	0.005

Einige typische Wärmeleitfähigkeiten

Aufgabe 6: Ein Körper mit der Temperatur $T(0) = T_0$ befindet sich in einer Umgebung mit der Temperatur $T_u < T_0$ und kühlt ab. Die abgeben Wärme pro Zeit – und damit auch der Abnahme der Temperatur des Körpers – ist proportional von der Temperaturdifferenz $T - T_u$ zwischen dem Körper T und der Umgebung T_u. Es gilt also: $\dot{T}(t) = -k \cdot \left(T(t) - T_u \right)$. Berechne die Temperatur als Funktion der Zeit (Newtonsches Abkühlungsgesetz).

Weitere Systeme

Aufgabe 7: In einem radioaktiven Material befinden sind N Kerne. Pro Zeiteinheit zerfällt der Anteil λ aller Kerne. Es gilt also: $\dot{N}(t) = -\lambda \cdot N(t)$. Berechne die Anzahl Kerne N als Funktion der Zeit unter der Anfangsbedingung $N(0) = N_0$.

Aufgabe 8: Auch einige hydro- und aerostatische Probleme können mit Hilfe einer Differentialgleichung beschrieben werden. Kannst Du sie aufstellen?

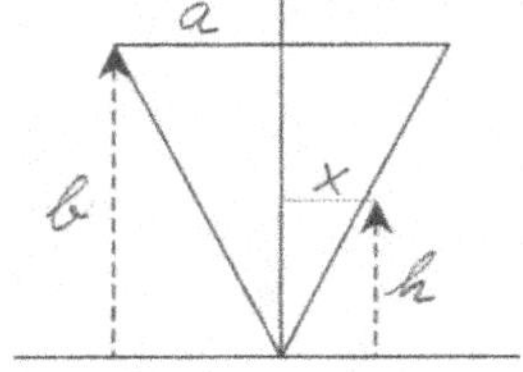

a) In das kreiskegelförmige Gefäss fliesst von oben Wasser mit konstanter Geschwindigkeit v [Volumeneinheiten pro Zeiteinheit]. Wie ändert sich die Wassertiefe h im Gefäss in Abhängigkeit der Zeit t?

b) Die Wassertiefe als Funktion der Zeit beim Ausfliessen aus einem prismenförmigen Gefäss mit den Anfangsbedingungen
$$h(0) = h_0 \quad \text{und} \quad v(0) = \dot{h}(0) = 0$$

c) Wie verhält sich der Druck in der Atmosphäre in Abhängigkeit der Höhe in einer isothermen Atmosphäre? (Barometrische Höhenformel).

Lösungen

1. a) $F = 0 \quad \rightarrow \quad m \cdot \ddot{x} = 0$

   $\rightarrow \quad x(t) = C_1 t + C_2$

   b) Die Lösung ist nicht eindeutig. Sie enthält zwei Integrationskonstanten. Es müssen noch die Anfangsbedingungen bekannt sein. Physikalisch handelt es sich um Startort und Startgeschwindigkeit:

   $x(t) = v_0 t + x_0$

   c) Geradlinig gleichförmige Bewegung

   d) Ja, jetzt ist die Lösung eindeutig.

   $x(t) = 10 \cdot t + 5$

2. a) $F = \text{const.} \quad \rightarrow \quad m \cdot \ddot{x} = F \quad \text{mit} \quad a = \dfrac{F}{m}$

   $\rightarrow \quad x(t) = \frac{1}{2} a \cdot t^2 + C_1 \cdot t + C_2$

   b) Die Lösung ist nicht eindeutig. Sie enthält zwei Integrationskonstanten. Es müssen noch die Anfangsbedingungen bekannt sein. Physikalisch handelt es sich um Startort und Startgeschwindigkeit:

   $x(t) = \frac{1}{2} a \cdot t^2 + v_0 \cdot t + x_0$

   c) Geradlinig gleichförmig beschleunigte Bewegung.

   Zum Beispiel: Freier Fall

   d) $x(t) = \frac{1}{2} a \cdot t^2 + 10 \cdot t + 5$

3. a) $F = F_F + F_G \quad \rightarrow \quad m \cdot \ddot{x} = -k \cdot x + m \cdot g$

   $\rightarrow \quad x(t) = C_1 \sin\left(\sqrt{\dfrac{k}{m}} \cdot t\right) + C_2 \cos\left(\sqrt{\dfrac{k}{m}} \cdot t\right) + \dfrac{g \cdot m}{k}$

   i) $x(t) = \hat{x} \cos\left(\sqrt{\dfrac{k}{m}} \cdot t\right) + \dfrac{g \cdot m}{k}$

   Harmonische Schwingung mit der Kreisfrequenz $\omega = \sqrt{\dfrac{k}{m}}$

   ii) $x(t) = \dfrac{g \cdot m}{k}$

   Pendel ruht in der Ruhelage

   b) $F = F_G - F_A - F_S \quad \rightarrow \quad m \cdot \ddot{x} = m \cdot g - V \cdot \rho_F \cdot g - 6 \cdot \pi \cdot r \cdot \eta \cdot \dot{x}$

   $\rightarrow \quad \ddot{x} + \underbrace{\dfrac{6 \cdot \pi \cdot r \cdot \eta}{m}}_{\beta} \cdot \dot{x} = \underbrace{g - \dfrac{V \cdot \rho_F \cdot g}{m}}_{k}$

   $\rightarrow \quad x(t) = h + \dfrac{k \cdot \beta \cdot t + k \cdot \left(e^{-\beta \cdot t} - 1\right)}{\beta^2}$

   Beschleunigte Bewegung aus der Höhe h mit Grenzgeschwindigkeit $v_G = \dfrac{k}{\beta}$

4. a) Eine homogene Kette mit der Masse m und der Länge L gleitet von einem Tisch. Wir orientieren die y-Achse lotrecht nach oben. Zur Zeit t = 0 hänge ein Teil x_0 der Kette vom Tisch hinunter und die Geschwindigkeit sei v_0.

   Die Bewegungsgleichung lautet: $m \cdot \ddot{y} = \dfrac{m \cdot g}{L} \cdot y$.

   Die DGL ist linear, homogen mit konsonanten Koeffizienten und kann also mit dem charakteristischen Polynom gelöst werden.

   b) Die rücktreibende Kraft F_R nach der Auslenkung um den Winkel φ ist die Komponente der Erdanziehung in der Bewegungsrichtung des Pendels $F_R = -m \cdot g \cdot \sin(\varphi)$. Damit ergibt sich folgende DGL für das Pendel ohne

   Dämpfung, mit dem Ort (Bogenlänge) b: $m \cdot \ddot{b} = -m \cdot g \cdot \sin(\varphi)$. Mit der Schnurlänge ℓ gilt für den Ort

   $b = \ell \cdot \varphi$ und wir finden $m \cdot \ell \cdot \ddot{\varphi} = -m \cdot g \cdot \sin(\varphi) \quad \rightarrow \quad \ddot{\varphi} = -g \cdot \sin(\varphi)$.

   Für kleine Winkel φ geht der Sinus des Winkels in den Winkel selbst über, d.h. für $\varphi \quad \varphi \ll 1$ folgt: $\ddot{\varphi} = -g \cdot \varphi$.

---

c) Die Bewegung ist eindimensional. Wir wählen die y-Achse lotrecht nach oben. Bei einer Abwärtsbewegung der Masse m tritt eine nach oben gerichtete Federkraft $F_F = -k \cdot y$ auf, die proportional der Auslenkung ist und ausserdem eine Reibungs- bzw. Dämpfungskraft, die proportional zu v ist: $F_S = -\beta \cdot \dot{y}$. Es ergibt sich die folgende Bewegungsgleichung für dieses System: $\ddot{y} + 2 \cdot \gamma \cdot \dot{y} + \omega^2 \cdot x = 0$,

   mit den Abkürzungen: $2\gamma = \frac{\beta}{m}$, $\omega^2 = \frac{k}{m}$.

d) Die Bewegung ist eindimensional. Wir wählen die y-Achse lotrecht nach oben. Bei einer Abwärtsbewegung der Masse m tritt eine nach oben gerichtete Federkraft $F_F = -k \cdot y$ auf, die proportional der Auslenkung ist und ausserdem eine Reibungs- bzw. Dämpfungskraft, die proportional zu v ist: $F_S = -\beta \cdot \dot{y}$. Zusammen mit der periodischen äusseren Kraft F_Z ergibt sich die folgende Bewegungsgleichung für dieses System:

   $$\ddot{y} + 2 \cdot \gamma \cdot \dot{y} + \omega^2 \cdot x = \hat{f}_Z \cdot \cos\left(\omega_Z \cdot t\right),$$

   mit den Abkürzungen: $2\gamma = \frac{\beta}{m}$, $\omega^2 = \frac{k}{m}$, $\hat{f}_Z = \frac{\hat{F}_Z}{m}$.

   Diese DGL ist inhomogen und beschreibt eine gedämpfte, erzwungene Schwingung.

e) Die Bewegung ist eindimensional. Wir wählen die y-Achse lotrecht nach unten (eine positive Geschwindigkeit bedeutet also eine Bewegung lotrecht nach unten). Daher wirkt die Schwerkraft in z-Richtung und die Reibungskraft ist der Geschwindigkeit entgegengesetzt. Es folgt:

   $$m \cdot \ddot{y} = m \cdot g - \gamma \cdot \dot{y}^2 = m \cdot g - \gamma \cdot v^2 \rightarrow m \cdot \dot{v} = m \cdot g - \gamma \cdot v^2$$

   mit der Anfangsgeschwindigkeit $v = v_0$ zur Zeit $t = 0$.

   Diese Gleichung stellt eine nicht-lineare DGL dar, welche durch Separation der Variablen lösbar ist.

5. a) $Q(t) = Q_0 \cdot e^{\frac{-t}{R \cdot C}}$ $\rightarrow$ $U_C(t) = U_0 \cdot e^{\frac{-t}{R \cdot C}}$ mit der Zeitkonstanten $\tau = R \cdot C$

   b) $Q(t) = Q_0 \cdot \left(1 - e^{\frac{-t}{R \cdot C}}\right)$ $\rightarrow$ $U_C(t) = U_0 \cdot \left(1 - e^{\frac{-t}{R \cdot C}}\right)$ mit der Zeitkonstanten $\tau = R \cdot C$

   c) siehe Seite „RC-Glied" in Wikipedia – Die freie Enzyklopädie. https://w.wiki/9Dva

   d) siehe Seite „RC-Glied" in Wikipedia – Die freie Enzyklopädie. https://w.wiki/9Dva

   e) siehe Seite „Schwingkreis" in Wikipedia – Die freie Enzyklopädie. https://w.wiki/9DvU

   f) siehe Seite „Schwingkreis" in Wikipedia – Die freie Enzyklopädie. https://w.wiki/9DvU

6. $T(t) = \left(T_0 - T_u\right) \cdot e^{-k \cdot t} + T_u$

7. $N(t) = N_0 \cdot e^{-\lambda \cdot t}$ mit der Zeitkonstanten $\tau = \frac{1}{\lambda}$

8. a) $h^2 \cdot \dot{h} = k$ mit $k = v \cdot \frac{b^2}{\pi \cdot a^2}$

   $\rightarrow$ $h(t) = \sqrt[3]{3k \cdot t + C}$

   b) $\dot{h} = -k \cdot \sqrt{h}$ mit $k = \frac{\sqrt{2 \cdot g} \cdot A_{unten}}{A_{oben}}$

   $\rightarrow$ $h(t) = \frac{k^2}{4} \cdot t^2 - k \cdot \sqrt{h_0} \cdot t + h_0$

   c) siehe Seite „Barometrische Höhenformel" in Wikipedia – Die freie Enzyklopädie. https://w.wiki/9Dvi

Analysis
Vektoranalysis

$$\frac{\partial \rho}{\partial t} = -\vec{\nabla} \cdot \vec{\jmath}$$

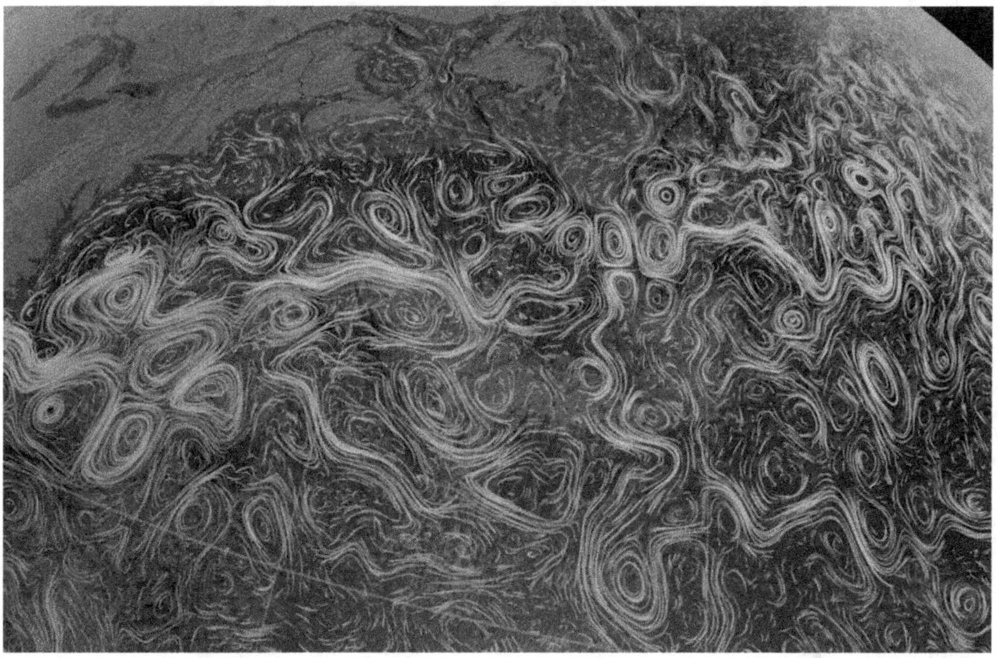

$$\frac{\partial \vec{v}}{\partial t} + \left(\vec{v} \cdot \vec{\nabla}\right)\vec{v} + \frac{1}{\rho}\vec{\nabla}p = \vec{k}$$

Die Vektoranalysis verallgemeinert die Gebiete der Differential- und der Integralrechnung und der Vektorrechnung wesentlich. Die Vektoranalysis findet Anwendung in den Ingenieurswissenschaften und der Physik. Die Hauptanwendungen liegen in der Elektrodynamik, der Strömungsmechanik, Luft- und Raumfahrt, der Quantenfeldtheorie etc. Die Euler-Gleichungen der Strömungsmechanik (untere Gleichung) sind ein System von partiellen Differentialgleichungen zur Beschreibung der Strömung von reibungsfreien Fluiden. Bei der oberen Gleichung handelt es sich um die dazugehörige Kontinuitätsgleichung. Die Visualisierung der US-Weltraumagentur NASA modelliert Meeresströmungen, die Teil des Golfstroms sind. Die Einfärbungen zeigen die Oberflächentemperatur des Meeres.

1. Felder

Das Skalarfeld

Ein *Skalarfeld* φ ist eine Funktion, die jedem Punkt im Raum genau einen ..*Skalar*.. zuordnet. Beispiele für Skalarfelder sind ..*Temperaturverteilungen, Druckverteilungen etc.*..

Skalarfelder können mit ..*Isolinien*.. (Höhenlinien, Isobaren, Äquipotentiallinien ...), ..*Mesh-Plots*.. und mit ..*Falschfarben*.. visualisiert werden.

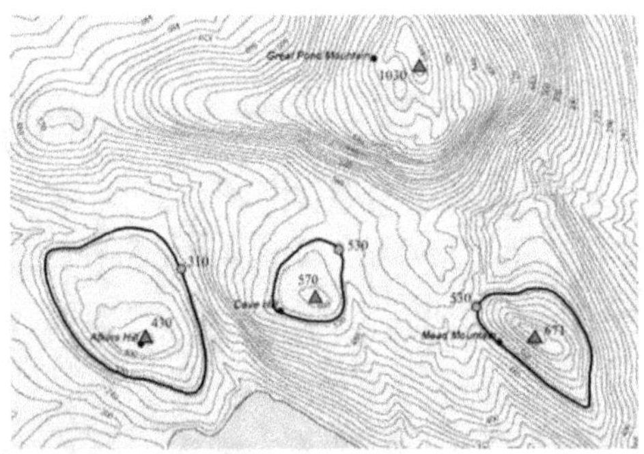

Höhenlinien

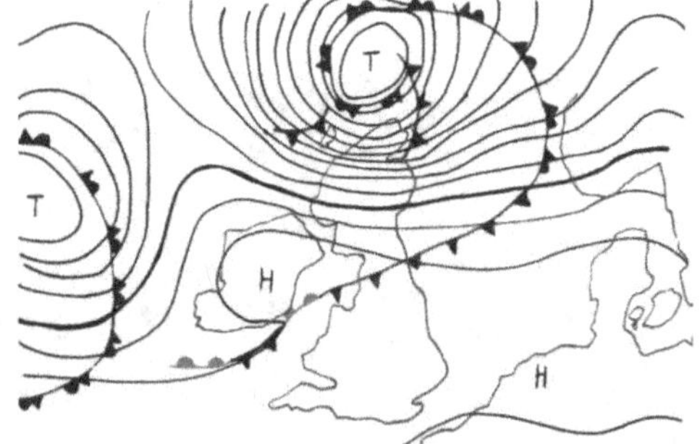

Isobaren

Falschfarben Wärmebild

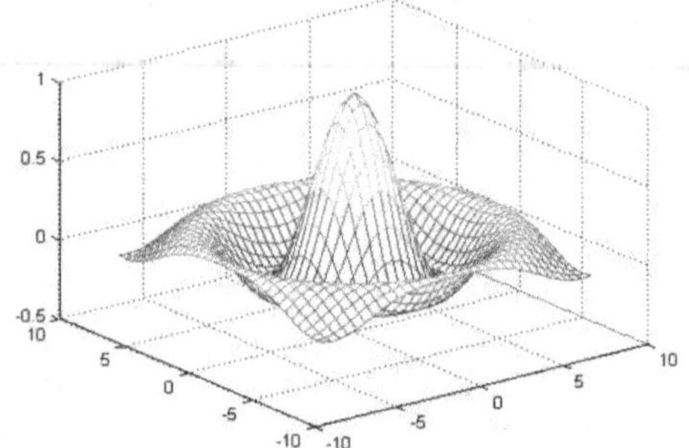

Mesh-Plot

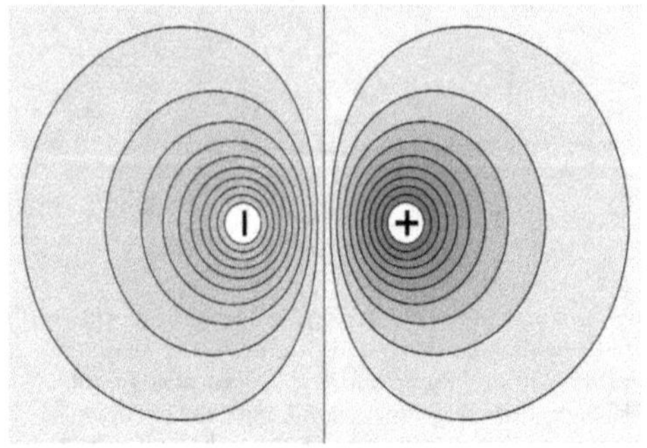

Äquipotentiallinien zweier Ladungen

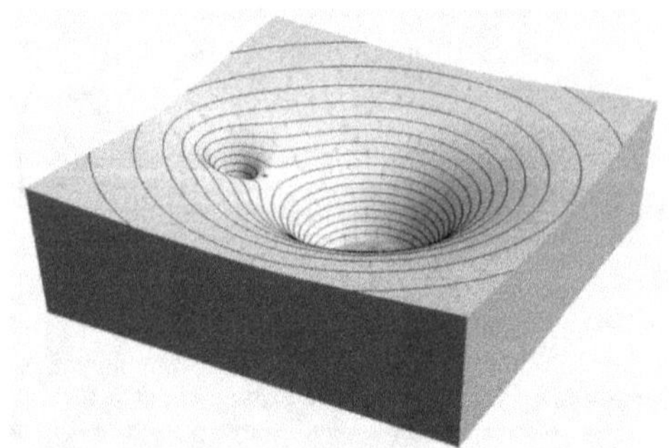

Äquipotentiallinien des Systems Erde-Mond

Aufgabe 1: Kannst Du Dir diese Skalarfelder vorstellen? Skizziere die Isolinie des Feldes. Wir beschränken uns hier – der Darstellbarkeit zuliebe – auf Skalarfelder über der Ebene.

Für den Abstand vom Ursprung gilt also: $r = \sqrt{x^2 + y^2}$.

a) $\varphi(x, y) = x^2$

b) $\varphi(x, y) = x^2 + y^2 = r^2$

c) $\varphi(x, y) = \dfrac{1}{r^2}$

d) $\varphi(x, y) = \dfrac{\sin(r)}{r}$

Das Vektorfeld

Ein *Vektorfeld* $\vec{F}$ ist eine Funktion, die jedem Punkt im Raum genau einen ...*Vektor*... zuordnet. Beispiele für Vektorfelder sind ...*Windgeschwindigkeiten, magnetische Feldflussdichten etc.*...

Das Vektorfeld ist ein Mass für die ...*(Feld-) Flussdichte.*...

Beispiel: Der Betrag der Strömungsgeschwindigkeit v in einer Flüssigkeit entspricht der Volumenstromdichte: $v = \dot{s} = \dfrac{ds}{dt} = \dfrac{ds \cdot A}{dt \cdot A} = \dfrac{dV}{dt \cdot A} = \dfrac{\dot{V}}{A}$

Vektorfelder können mit Hilfe von ...*Vektorpfeilen*... oder ...*Feldlinien*... visualisiert werden.

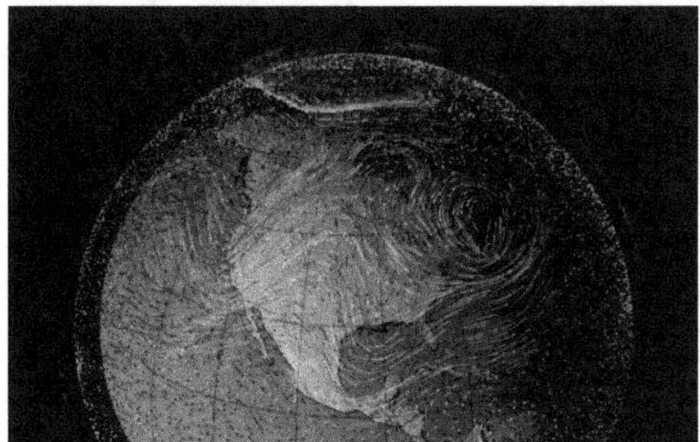

Windgeschwindigkeiten über Nordamerika

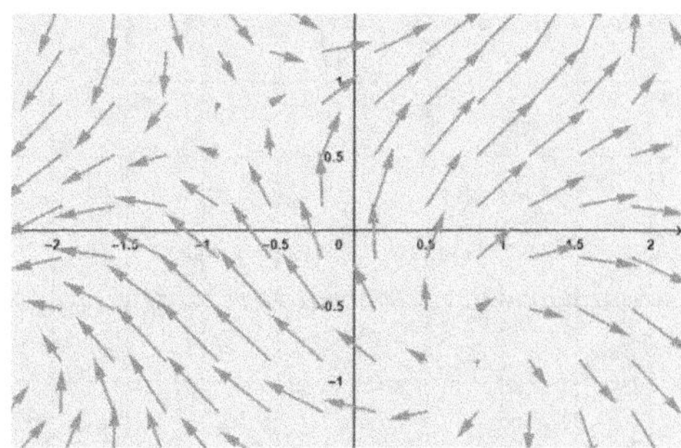

Das Vektorfeld $\vec{F}(x, y) = \begin{pmatrix} \sin(x+y) \\ \cos(x-y) \end{pmatrix}$

Auch Graphikprogramme berechnen Vektorfelder.

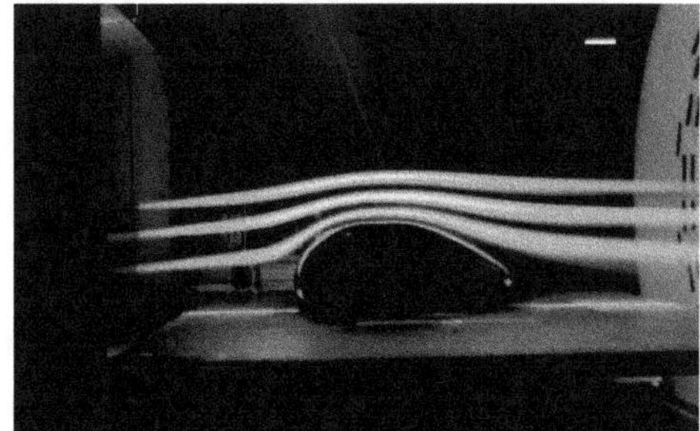

Strömungslinien in einem Windkanal

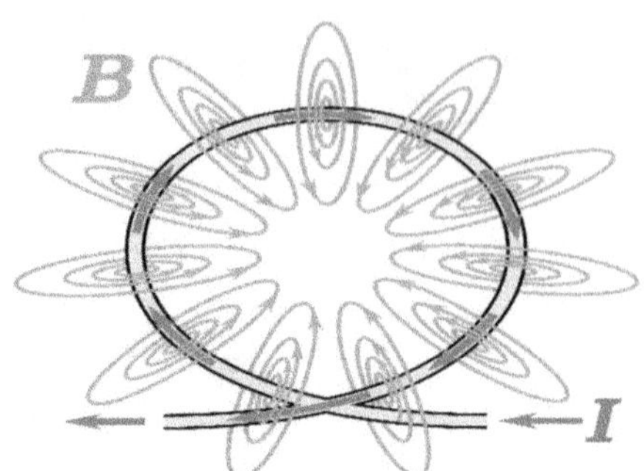

Magnetisches Feld einer Schleife

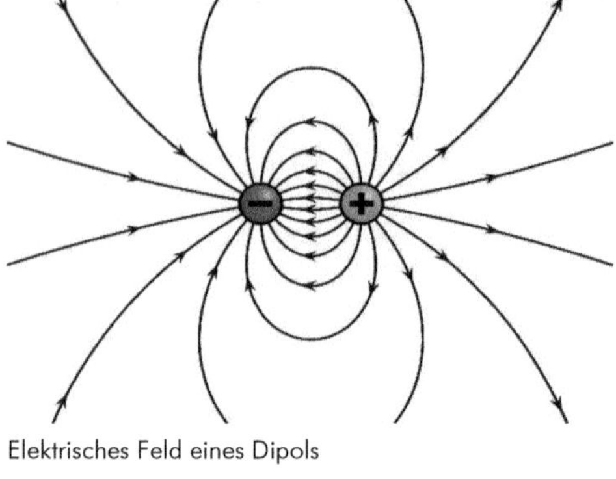

Elektrisches Feld eines Dipols

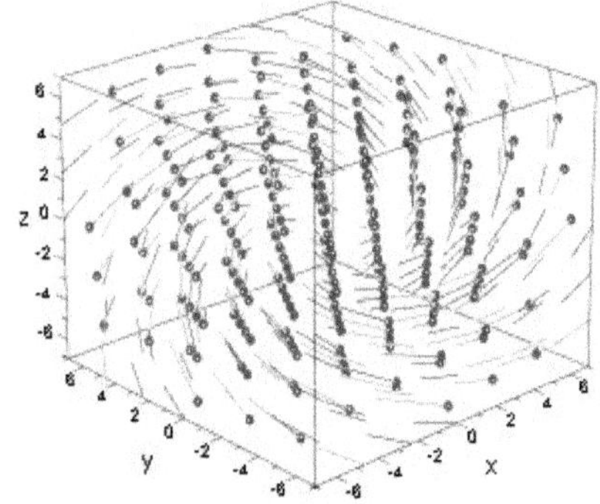

Das Vektorfeld $\vec{F}(x,y,z) = \begin{pmatrix} -y \\ z \\ x \end{pmatrix}$

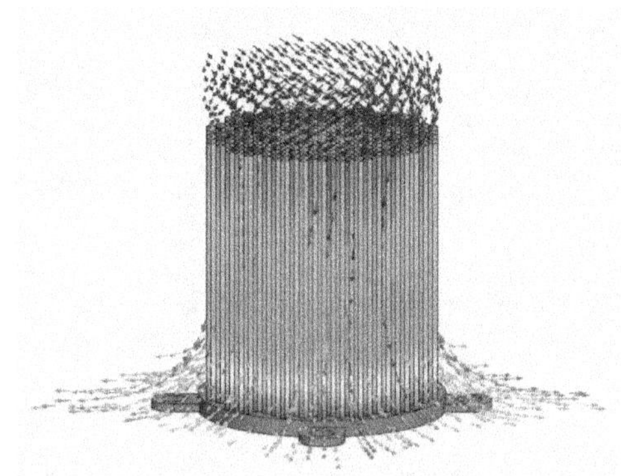

Vektorfeld der Luftströmung an einem Kühlkörper. Die Luft wird von einem Ventilator eingeblasen.

Aufgabe 2: Kannst Du dir diese Vektorfelder $\vec{F}$ [1] vorstellen? Skizziere das Feld. Wir beschränken uns hier – der Darstellbarkeit zuliebe – auf Vektorfelder in der Ebene.

a) $\vec{F}(x,y) = \begin{pmatrix} 1 \\ 1 \end{pmatrix}$

b) $\vec{F}(x,y) = \begin{pmatrix} x \\ 0 \end{pmatrix}$

c) $\vec{F}(x,y) = \begin{pmatrix} x \\ y \end{pmatrix}$

d) $\vec{F}(x,y) = \begin{pmatrix} y \\ -x \end{pmatrix}$

---

[1] Das Zeichen $\vec{F}$ wurde gewählt, um an ein **F**eld zu erinnern – unabhängig davon, ob es sich um ein magnetisches Feld $\vec{B}$ oder um ein elektrisches Feld $\vec{E}$ handelt. Zudem handelt es sich in der Mechanik oft um ein Kraftfeld $\vec{F}$.

2. Die drei Integrale

Das Kurvenintegral

Wir betrachten einen Körper, auf den eine Kraft F wirkt und den Weg s zurücklegt. Die dabei am Körper verrichtete Arbeit ist gegeben durch:

$$W = F_{\parallel} \cdot s = \underbrace{F \cdot s \cdot \cos\alpha} = \overrightarrow{F} \cdot \overrightarrow{s}$$

$$[W] = N \cdot m = \text{Joule} = J$$

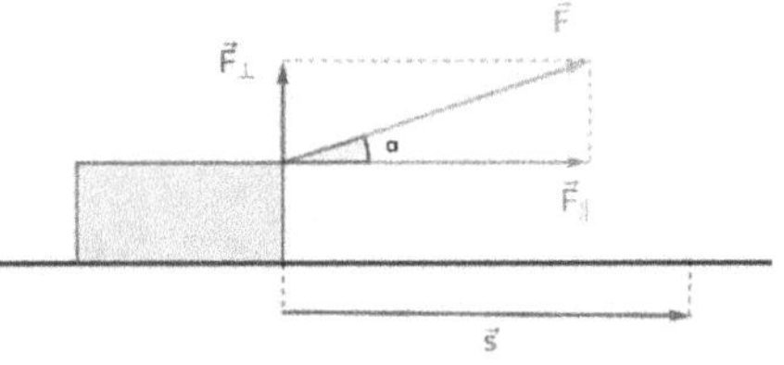

Wirkt die Kraft entlang dem Weg $(\vec{F} \parallel \vec{s})$, so gilt: $W = \overrightarrow{F} \cdot \overrightarrow{s}$

Steht die Kraft senkrecht auf dem Weg $(\vec{F} \perp \vec{s})$, so gilt: $W = 0$

Im Allgemeinen ist die Kraft jedoch nicht konstant. Wir schreiben also mit Hilfe des Integrals:

$$W = \lim_{n \to \infty} \sum_{i=1}^{n} W_i = \lim_{n \to \infty} \sum_{i=1}^{n} \vec{F}_i \cdot \Delta \vec{s} = \int_{s_A}^{s_B} \overrightarrow{F} \cdot \overrightarrow{ds}$$

Bewegt sich der Körper ganz allgemein in einem Kraftfeld (Vektorfeld), so gilt für die Arbeit entlang einer Kurve C:

$$W = \int_C \overrightarrow{F} \cdot \overrightarrow{ds}$$

F

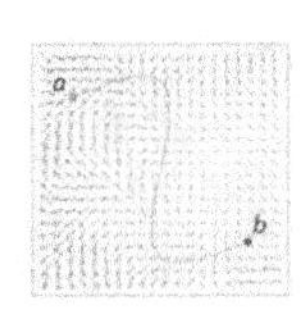

C

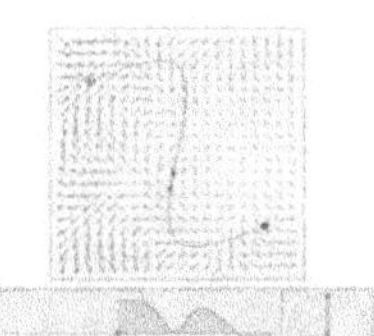

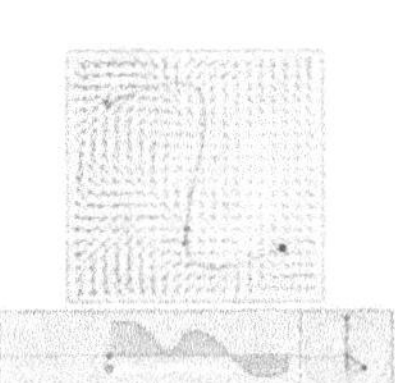

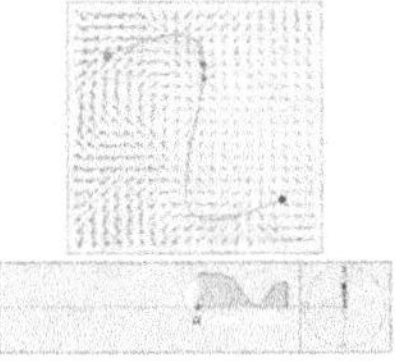

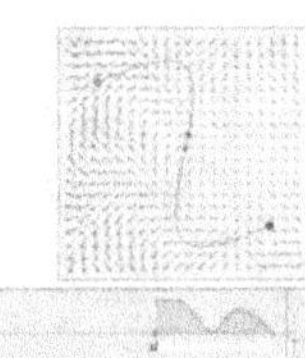

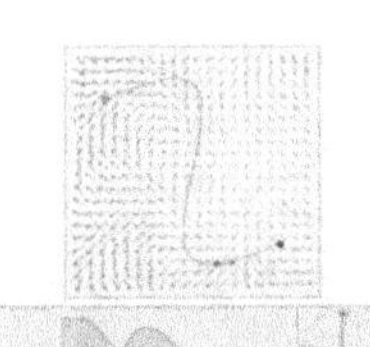

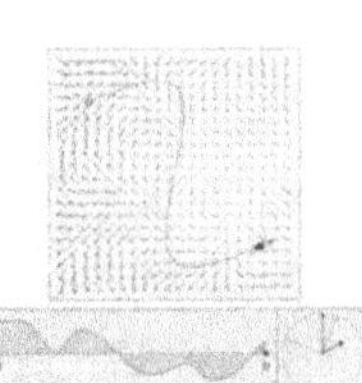

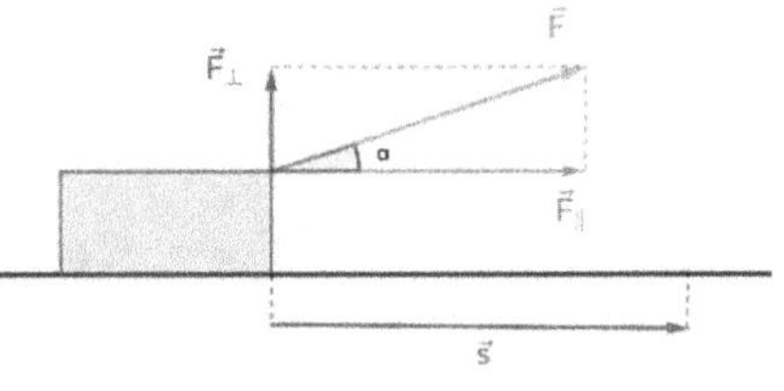

Das *Kurvenintegral* über ein Vektorfeld $\vec{F}$ entlang einer Kurve C ist definiert als das Integral über das Skalarprodukt aus dem Feld $\vec{F}$ und dem Wegelement $d\vec{s}$:

$$I_C = \int_C \vec{F} \cdot d\vec{s}$$

Das Kurvenintegral ist nicht immer einfach berechenbar[2]. Wir beschränken uns auf Fälle, bei denen wir das Integral durch schlaues Überlegen herausfinden können.

Aufgabe 3: Die Arbeit in der Physik. Berechne die folgenden Arbeiten:

a) Ein Körper mit der Masse 5 kg wird um 3 m angehoben.

b) Ein Kind zieht einen Leiterwagen an seiner Deichsel mit einer Kraft von 50 N. Die Deichsel bildet zur Horizontalen einen Winkel von 30°. Welche Arbeit verrichtet das Kind, wenn es den Wagen über eine Strecke von 200 m zieht?

c) Die beiden Kraft-Weg-Diagramme zeigen den Kraftverlauf beim Spannen des Bogens in Abhängigkeit von der Verschiebung des Saitenmittelpunkts (Pfeilende) bei einem konventionellen Bogen (links) und einem modernen Compoundbogen (rechts). Schätze in beiden Fällen die verrichtete Arbeit beim Spannen bis 40 cm ab.

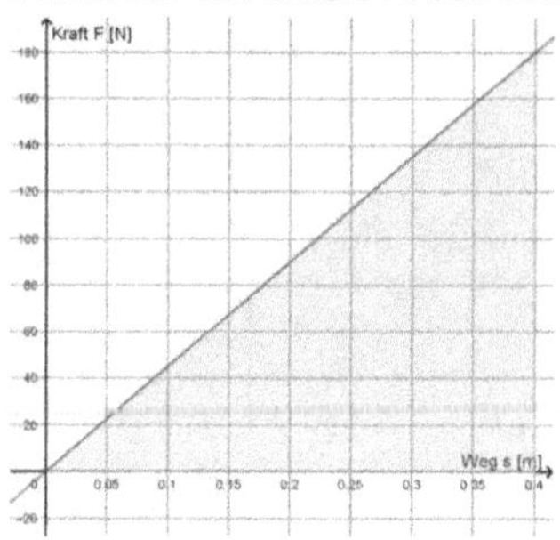

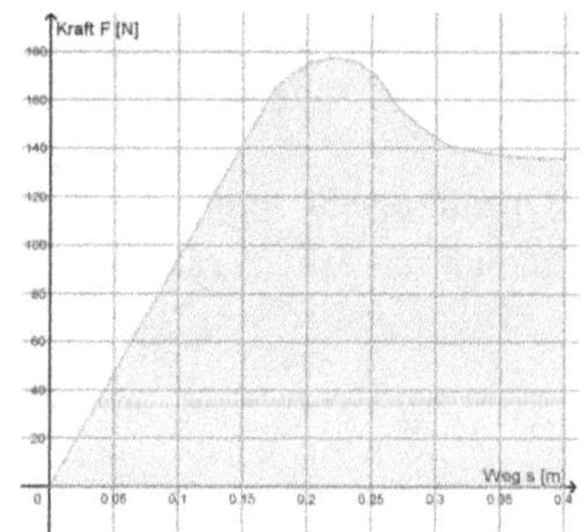

d) Welche Arbeit ist notwendig, damit eine Rakete mit Masse m das Gravitationsfeld der Erde (Masse $m_\oplus$ und Radius $r_\oplus$) verlassen kann? Die Gravitationskraft ist gegeben durch

$$F_G = G \cdot \frac{m \cdot m_\oplus}{r^2} \ .$$

Integriere die Kraft F_G entlang dem Weg r. Welche Geschwindigkeit muss die Rakete also haben (Fluchtgeschwindigkeit)?

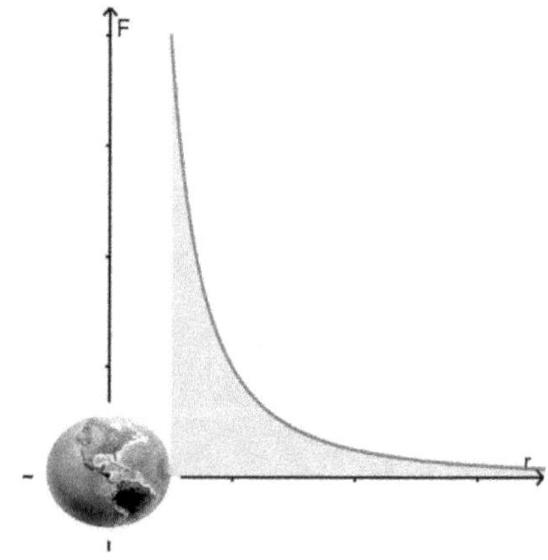

---

[2] Das Wegintegral berechnet sich wie folgt: $I_C = \int_C \vec{F}(\vec{s}) \cdot d\vec{s} = \int_{t_A}^{t_B} \vec{F}(\vec{s}(t)) \cdot \vec{s}'(t) \cdot dt$, wobei $\vec{s}(t)$ eine beliebige Parameterdarstellung des Pfades und $\vec{s}_A = \vec{s}(t_A)$ und $\vec{s}_B = \vec{s}(t_B)$ gilt.

Aufgabe 4: Berechne folgende Kurvenintegrale I_C entlang dem angegeben Pfad.
Hier helfen schlaues Überlegen und die Skizze [Bildmitte = O(0|0)] des Feldes.

a) $\vec{F} = \begin{pmatrix} 1 \\ 0 \end{pmatrix}$ (ein homogenes Feld)

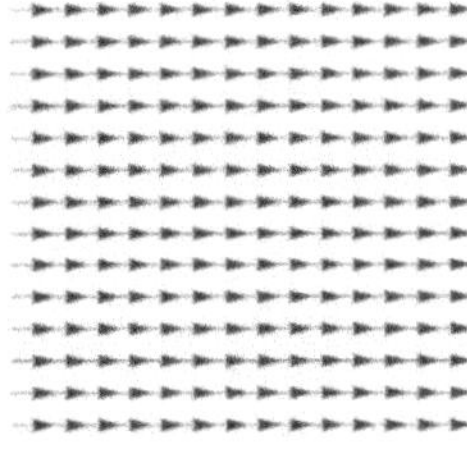

   i) gerader Pfad von A(0|0) nach B(5|0)

   ii) gerader Pfad von A(5|0) nach B(0|0)

   iii) gerader Pfad von A(0|0) nach B(0|5)

   iv) gerader Pfad von A(0|0) nach B(5|5)

   v) beliebiger Pfad von A(0|0) nach B(5|5)

   vi) geschlossener Pfad von A(0|0), B(5|0), C(5|5), D(0|5), A(0|0)

   vii) beliebiger geschlossener Pfad von A(0|0) nach A(0|0)

b) $\vec{F} = \begin{pmatrix} x \\ 0 \end{pmatrix}$

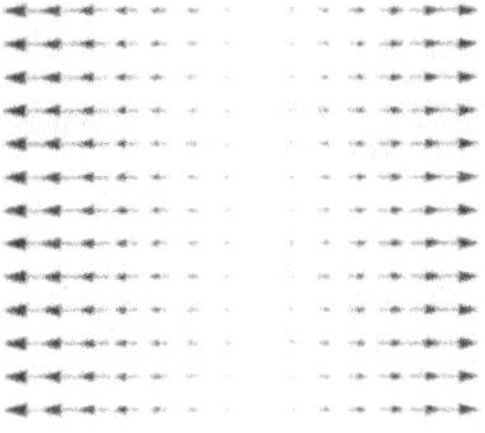

   i) gerader Pfad von A(−5|0) nach B(5|0)

   ii) gerader Pfad von A(0|−5) nach B(0|5)

   iii) gerader Pfad von A(0|0) nach B(5|0)

   iv) gerader Pfad von A(0|0) nach B(5|5)

   v) geschlossener Pfad A(0|0), B(5|0), C(5|5), D(0|5), A(0|0)

   vi) beliebiger geschlossener Pfad von A(0|0)

c) $\vec{F} = \begin{pmatrix} y \\ 0 \end{pmatrix}$

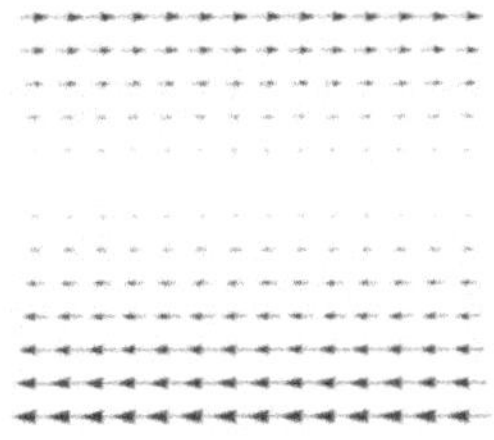

   i) gerader Pfad von A(0|0) nach B(0|5)

   ii) gerader Pfad von A(0|0) nach B(5|0)

   iii) gerader Pfad von A(0|1) nach B(5|1)

   iv) gerader Pfad von A(0|2) nach B(5|2)

   v) gerader Pfad von A(0|−2) nach B(5|−2)

   vi) geschlossener Pfad von A(0|0), B(0|1), C(5|1), D(5|0), A(0|0)

   vii) beliebiger geschlossener Pfad von A(0|0)

d) $\vec{F} = \begin{pmatrix} y \\ -x \end{pmatrix}$ (ein Wirbelfeld)

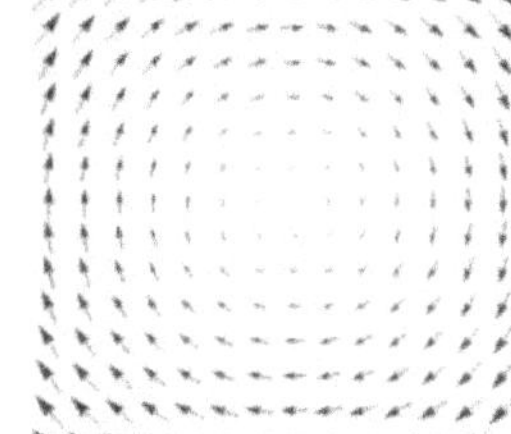

   i) gerader Pfad von A(0|0) nach B(0|5)

   ii) gerader Pfad von A(0|0) nach B(5|0)

   iii) gerader Pfad von A(0|0) nach B(5|5)

   iv) Kreis mit Radius 1 um A(0|0) im Uhrzeigersinn

   v) Kreis mit Radius 2 um A(0|0) im Uhrzeigersinn

   vi) beliebiger geschlossener Pfad von A(0|0)

e) $\vec{F} = \begin{pmatrix} x \\ y \end{pmatrix}$ (ein Radialfeld)

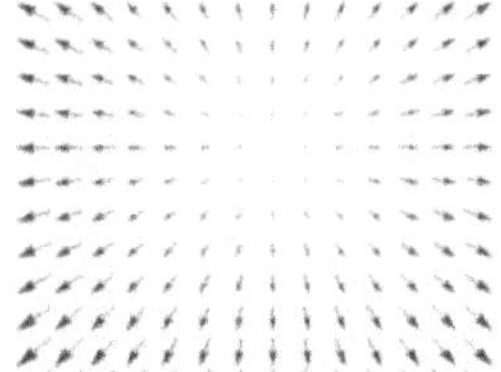

   i) gerader Pfad von A(0|0) nach B(5|0)

   ii) gerader Pfad von A(0|0) nach B(0|5)

   iii) gerader Pfad von A(0|0) nach B(5|5)

   iv) beliebiger geschlossener Pfad von A(0|0)

Ein Kurvenintegral über eine geschlossene Kurve C heisst **Zirkulation**. Ein Kreis im Integralzeichen deutet an, dass der Weg geschlossen ist: $\Gamma_C = \oint_C \vec{F} \cdot d\vec{s}$

Ein Vektorfeld heisst ..**konservativ**.........., falls

⇔ das Wegintegral entlang einer geschlossenen Kurve .**Null**..... ist,

d.h. die Zirkulation Γ_C verschwindet und das Feld ist ..**wirbel**....-frei.

⇔ das Wegintegral zwischen zwei Punkten ..**unabhängig**.. vom gewählten Weg ist.

⇔ es kann ein ..**Potential**.......... φ definiert werden.

Ein physikalisches Kraftfeld ist konservativ. Dies folgt aus der ..**Energieerhaltung**.........., wäre das Feld nicht konservativ, könnte eine zyklische Maschine Energie erzeugen, indem sie ein Teilchen entlang eines geschlossenen Pfads bewegt und bei jedem Umlauf Energie gewinnen.

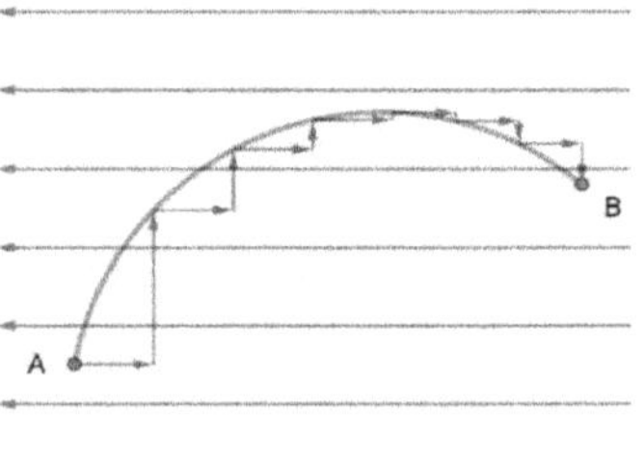

Das Flächenintegral

Aufgabe 5: Strömungsgeschwindigkeiten und Intensitäten

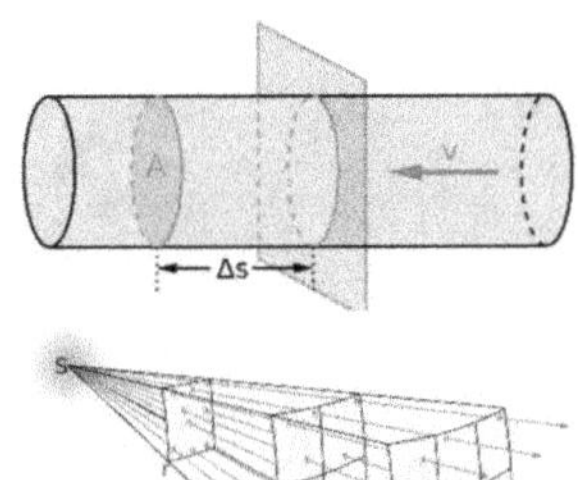

a) Durch ein Rohr mit der Querschnittsfläche $A = 0.2\ m^2$ fliesst Wasser mit einer Geschwindigkeit von $v = 4\ m/s$. Welches Volumen Wasser fliesst pro Sekunde durch das Rohr? Nun verengt sich das Rohr auf einen Querschnitt von $0.05\ m^2$. Mit welcher Geschwindigkeit fliesst das Wasser nun?

b) Eine Lampe gibt eine Leistung von $P = 5\ W$ ab. Welche Intensität J in W/m^2 hat das Licht im Abstand von 1 m von der Lampe? Und im Abstand von 3 m?

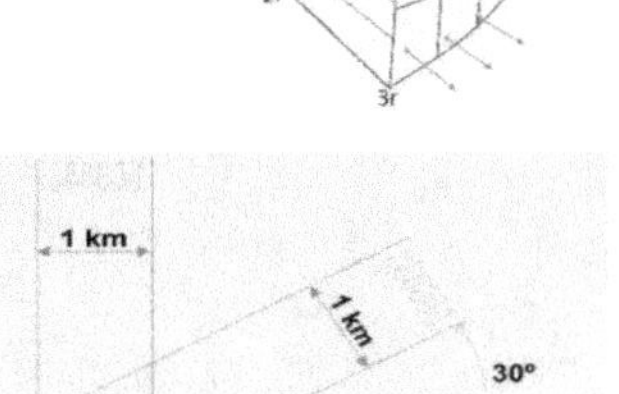

c) Die Intensität der Sonne an einem leicht bewölkten Tag im Sommer beträgt ca. $J_0 = 600\ W{\cdot}m^{-2}$. Welche Leistung P trifft auf eine Solarzelle mit der Fläche $A = 0.2\ m^2$? Nun wird die Fläche gegenüber den Sonnenstrahlen um $30°$ geneigt (d.h. der Winkel zwischen den Sonnenstrahlen der Flächennormalen beträgt $30°$). Wie gross ist die Intensität $J_{30°}$ auf der Solarzelle nun?

Wir unterscheiden zwischen (Feld-)Flussdichten und ....(Feld-) Fluss.....................

Bei der Intensität (in $\frac{W}{m^2}$) und der Fliessgeschwindigkeit (in $\frac{m}{s} = \frac{m^3}{s \cdot m^2} = \frac{\frac{m^3}{s}}{m^2}$) handelt es sich um eine

..Flussdichte, bei Leistung und dem Volumenstrom um einen ..Fluss....... .

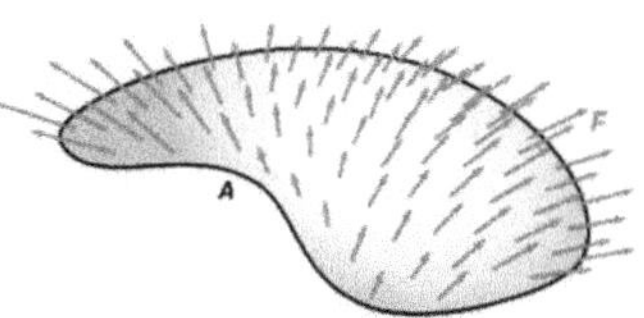

Ein Vektorfeld $\vec{F}$ misst die ..Feldflussdichte.

Der *Feldfluss* Φ_A selbst ergibt sich aus dem Flächenintegral:

$$\Phi_A = \iint_A \vec{F} \cdot d\vec{A}$$

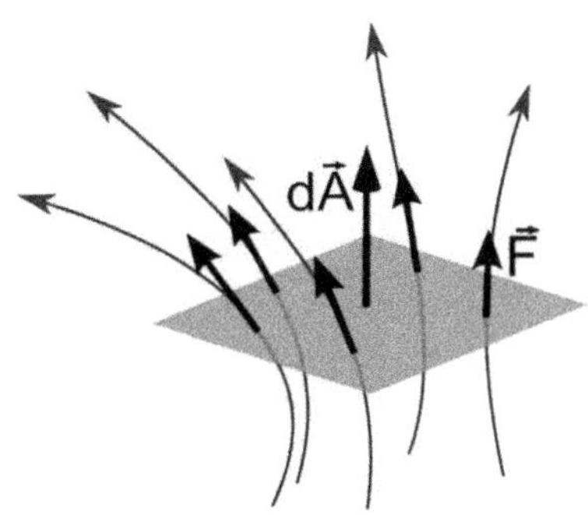

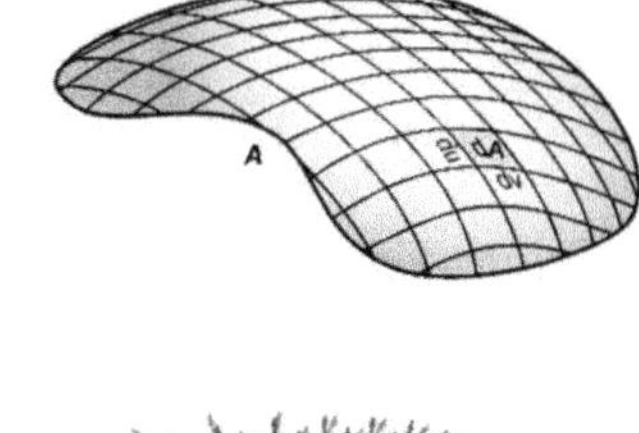

Aufgabe 6: Überlege Dir folgende Flächenintegrale Φ_A durch die angegebenen Flächen:

a) $\vec{F} = \begin{pmatrix} 3 \\ 0 \\ 0 \end{pmatrix}$ (ein homogenes Feld)

   i)   Fläche mit Inhalt 0.5 parallel zu yz-Ebene

   ii) Fläche mit Inhalt 0.5 parallel zu xz-Ebene

   iii) Fläche mit Inhalt 0.5 parallel zu xy-Ebene

   iv) Fläche mit Inhalt 0.5 senkrecht auf der xy-Ebene

       durch die Punkte A(0|0|0) und B (1|1|0)

   v) beliebige geschlossene Oberfläche

b) $\vec{F} = \begin{pmatrix} x \\ 0 \\ 0 \end{pmatrix}$

   i)   Fläche mit Inhalt 0.5 parallel zu yz-Ebene durch A(0|0|0)

   ii) Fläche mit Inhalt 0.5 parallel zu yz-Ebene durch A(1|0|0)

   iii) geschlossene Oberfläche des Quaders mit der Grundfläche

       A(0|0), B(1|0), C A(1|1), D(0|1) und der Höhe 1

   iv) beliebige geschlossene Oberfläche

c) $\vec{F} = \begin{pmatrix} y \\ 0 \\ 0 \end{pmatrix}$

   i)   Rechteck mit Grundlinie A(0|0), B(0|5) und Höhe 2

   ii) beliebige geschlossene Oberfläche

d) $\vec{F} = \begin{pmatrix} y \\ -x \\ 0 \end{pmatrix}$ (ein Wirbelfeld)

   i)   Fläche mit Inhalt 0.5 parallel zu yz-Ebene

   ii) Fläche mit Inhalt 0.5 parallel zu xz-Ebene

   iii) Fläche mit Inhalt 0.5 parallel zu xy-Ebene

   iv) geschlossener Zylinder mit Radius r = 2 um die

       z-Achse mit der Höhe 3

   v) beliebige geschlossene Oberfläche

e) $\vec{F} = \begin{pmatrix} x \\ y \\ 0 \end{pmatrix}$ (ein Radialfeld)

   i)   Zylinder mit Radius r = 1 um die z-Achse mit Höhe 3

   ii) Zylinder mit Radius r = 2 um die z-Achse mit Höhe 3

   iii) beliebige geschlossene Oberfläche

Ein Flächenintegral über eine geschlossene Oberfläche nenne ich *Effluktion*[3]. Ein Kreis in den

Integralzeichen deute an, dass die Oberfläche geschlossen ist: $A_A = \oiint_A \vec{F} \cdot d\vec{A}$

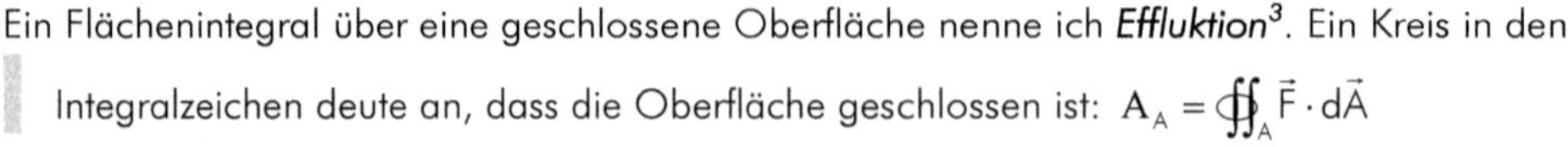

---

[3]   Die Bezeichnung Effluktion (Ausfluss) ist nicht üblich. Wie sich jedoch zeigen wird, gibt diese Bezeichnung gut wieder, was dieses Integral misst.

Das Volumenintegral

Aufgabe 7: Berechne diese Massen:

a) Eine Stahlkugel hat einen Radius von r = 2 cm und eine Dichte von ρ = 7850 kg/m³.

b) Welche Masse Luft befindet sich in einer Luftsäule mit der Grundfläche A = 5 m² und der Höhe 12 km? Die Dichte der Luft nimmt in der Troposphäre gegen oben ab:

$$\rho = 1.2 \cdot e^{-\frac{h}{8000}}$$ wobei ρ in kg/m³ und die Höhe h in Meter.
(Die Troposphäre ist die unterste Schicht der Erdatmosphäre. Ihre Dicke beträgt etwa 8 km an den Polen und 18 km am Äquator.)

Das *Volumenintegral M_V* über ein Skalarfeld

$\rho(x, y, z)$ ist definiert

$$M_V = \iiint_V \rho \, dV = \iiint_V \rho \, dx\, dy\, dz$$

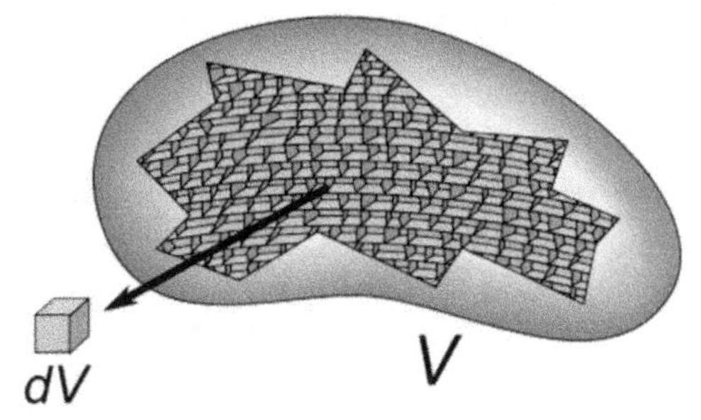

Das Volumenintegral wird unter anderem zur Berechnung von folgenden Anwendungen gebraucht:

- geometrische Volumina: $V = \iiint_V 1\, dV = \iiint_V 1\, dx\, dy\, dz$

- Masse von Dichteverteilungen: $m = \iiint_V \rho \, dV = \iiint_V \rho \, dx\, dy\, dz$

- Trägheitsmomente: $J = \iiint_V \rho \cdot \vec{r}^2 \, dV = \iiint_V \rho \cdot \vec{r}^2 \, dx\, dy\, dz$

- Massenmittelpunkt (Schwerpunkt): $\vec{r}_s = \frac{1}{m} \iiint_V \rho \cdot \vec{r} \, dV = \frac{1}{m} \iiint_V \rho \cdot \vec{r} \, dx\, dy\, dz$

Aufgabe 8: Berechne diese Volumenintegrale:

a) Berechne das Volumen eines Quaders mit den Seitenlängen 0.2 m, 0.5 m und 3 m.

b) Berechne das Volumen einer Kugel mit Radius 1.

c) Die Dichte in einer Zuckerlösung ist am Boden höher als weiter oben im Gefäss. Die Lösung befindet sich in einem Zylinder mit Radius 0.02 m und der Höhe 0.20 m. Der Dichteverlauf ist gegeben durch $\rho = 1200 \cdot e^{-\frac{h}{20}}$ (h in Zentimeter und ρ in kg/m³)

d) Berechne das Trägheitsmoment eines Quaders mit der konstanten Dichte ρ = 2500 kg/m³ und mit den Seitenlängen a = 0.2 m, b = 0.3 m und c = 0.5 m (Rotationsachse ‖ c).

3. Die drei Differentialoperatoren

Der Nabla-Operator

In der Vektoranalysis hat der Nabla-Operator[4] eine grosse Bedeutung,
da damit alle wesentlichen Feldoperatoren dargestellt werden können.

Definition: Der **Nabla[5]-Operator** ist ein Vektor, dessen Komponenten

die partiellen Ableitungsoperatoren sind: $\vec{\nabla} = \begin{pmatrix} \frac{\partial}{\partial x} \\ \frac{\partial}{\partial y} \end{pmatrix}$ bzw. $\vec{\nabla} = \begin{pmatrix} \frac{\partial}{\partial x} \\ \frac{\partial}{\partial y} \\ \frac{\partial}{\partial z} \end{pmatrix}$

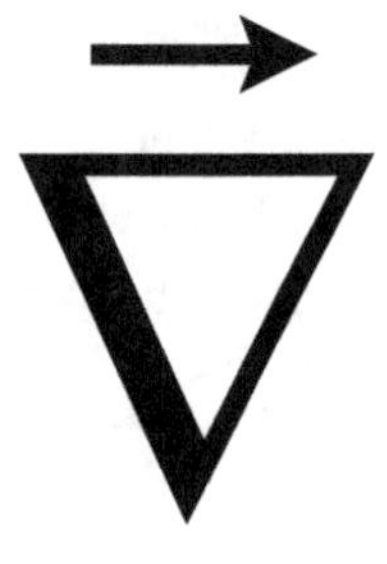

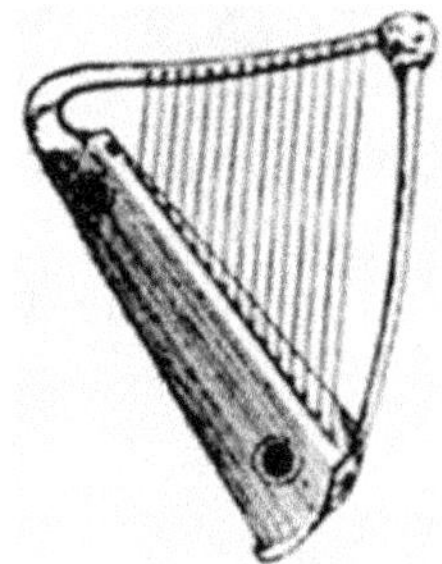

Der Gradient

Der **Gradient** eines Skalarfeld $\varphi(x, y, z)$ ist gegeben durch $\mathrm{grad}(\varphi) = \vec{\nabla}\varphi$

Der Gradient $\vec{\nabla}\varphi$ ist ein ...*Vektor*...-feld.

Aufgabe 9: Berechne den Gradienten dieser Skalarfelder. Schaue die Bilder des Skalarfeldes φ und
dessen Gradient $\vec{\nabla}\varphi$ in den Lösungen gut an. Wir beschränken uns hier – der Darstellbarkeit
zuliebe – auf Skalarfelder über der Ebene.

a) $\varphi(\vec{r}) = 1$ b) $\varphi(\vec{r}) = x + y$

c) $\varphi(\vec{r}) = x^2 + y^2$ d) $\varphi(\vec{r}) = |x|$

Der Gradient eines Skalarfeldes zeigt immer in Richtung des ...*grössten Anstiegs*...
Der Betrag des Gradients misst den ...*Betrag*... des grössten Anstiegs?
Der Gradient steht immer *senkrecht*... auf den Isolinien.

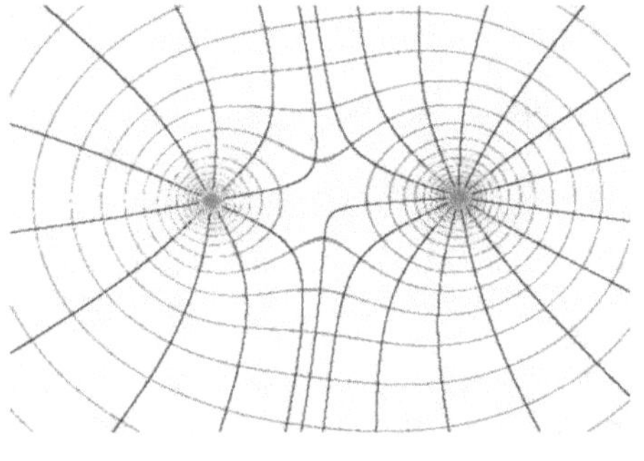

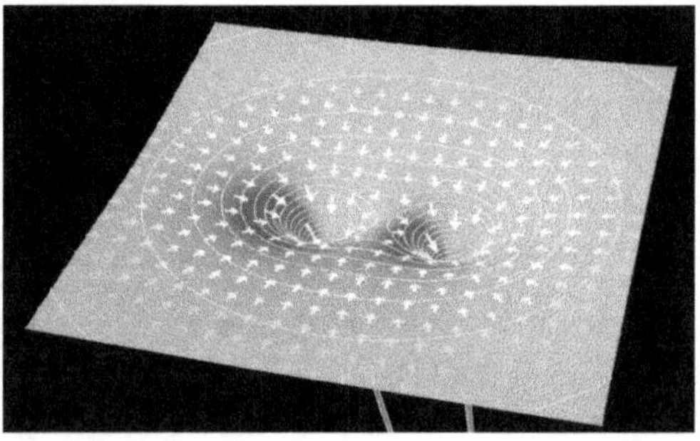

---

[4]   Den Nabla-Operator selbst zählen wir nicht zu den drei Differentialoperatoren – Gradient, Divergenz und Rotation. Der
Nabla-Operator bietet lediglich eine geeignete Notation für die drei Differentialoperatoren in kartesischen Koordinaten.

[5]   Der Name „Nabla" leitet sich von einem harfen-ähnlichen phönizischen Saiteninstrument ab, das in etwa die Form
dieses Zeichens hatte. Eine wenig sinnvolle Bezeichnung.

Die Divergenz

Die **Divergenz** eines Vektorfeldes ist in kartesischen Koordinaten gegeben durch $\operatorname{div}\left(\vec{F}\right) = \vec{\nabla} \cdot \vec{F}$.

Der Divergenz $\vec{\nabla} \cdot \vec{F}$ ist ein ...*Skalar*...-feld.

Aufgabe 10: Berechne die Divergenz dieser Vektorfelder. Schaue die Bilder des Vektorfeldes $\vec{F}$ in den Lösungen gut an. Wir setzen hier – der Darstellbarkeit zuliebe – die z-Komponente Null.

a) $\vec{F} = \begin{pmatrix} 2 \\ -1 \\ 0 \end{pmatrix}$ (homogenes Feld)

b) $\vec{F} = \begin{pmatrix} -x \\ -y^2 \\ 0 \end{pmatrix}$

c) $\vec{F} = \begin{pmatrix} -x \\ -y \\ 0 \end{pmatrix}$ (Radialfeld)

d) $\vec{F} = \begin{pmatrix} -y \\ x \\ 0 \end{pmatrix}$ (Wirbelfeld)

e) $\vec{F} = \begin{pmatrix} -y^2+x^2 \\ -y^2+x \\ 0 \end{pmatrix}$

f) $\vec{F} = \begin{pmatrix} x \\ e^y \\ 0 \end{pmatrix}$

Die Rotation

Die **Rotation** eines Vektorfeldes ist in kartesischen Koordinaten gegeben durch $\operatorname{rot}\left(\vec{F}\right) = \vec{\nabla} \times \vec{F}$.

Der Rotation $\vec{\nabla} \times \vec{F}$ ist ein ...*Vektor*...-feld.

Aufgabe 11: Berechne die Divergenz dieser Vektorfelder. Betrachte die Bilder des Vektorfeldes $\vec{F}$ in den Lösungen gut an. Wir setzen hier – der Darstellbarkeit zuliebe – die z-Komponente Null.

a) $\vec{F} = \begin{pmatrix} 2 \\ -1 \\ 0 \end{pmatrix}$ (homogenes Feld)

b) $\vec{F} = \begin{pmatrix} -x \\ -y^2 \\ 0 \end{pmatrix}$

c) $\vec{F} = \begin{pmatrix} -x \\ -y \\ 0 \end{pmatrix}$ (Radialfeld)

d) $\vec{F} = \begin{pmatrix} -y \\ x \\ 0 \end{pmatrix}$ (Wirbelfeld)

e) $\vec{F} = \begin{pmatrix} -y^2+x^2 \\ -y^2+x \\ 0 \end{pmatrix}$

f) $\vec{F} = \begin{pmatrix} x \\ e^y \\ 0 \end{pmatrix}$

Leider bleibt die geometrsiche *Interpretation der Divergenz und der Rotation* noch etwas unklar.

Bei einem homogenen Feld ist die Divergenz sowie die Rotation ...*null*...

Bei einem Radialfeld ist die ...*Rotation*... null und

Bei einem Wirbelfeld ist die ...*Divergenz*... null.

4. Integralsätze

	homogenes Feld	Wirbelfeld	Radialfeld
Geschosses Linienintegral (*Zirkulation*) um die z-Achse	$= 0$	$\neq 0$	$= 0$
Geschlossenes Flächenintergral (*Effluktion*) um die z-Achse	$= 0$	$= 0$	$\neq 0$
Rotation	$= 0$	$\neq 0$	$= 0$
Divergenz	$= 0$	$= 0$	$\neq 0$

Zwischen Zirkulation und ......Rotation............ (Wirbelfelder) und zwischen Effluktion und ......Divergenz.......... (Radialfelder) scheint ein Zusammenhang zu bestehen. Diese Zusammenhänge heissen Integralsatz von Gauss und Integralsatz von Stokes.

Integralsatz von Gauss

Der *Integralsatz von Gauss* stellt einen Zusammenhang zwischen der Divergenz eines Vektorfeldes

in einem Volumen V und dem Fluss durch die geschlossene Oberfläche ∂V dieses Volumens her:

$$\iiint_V \vec{\nabla} \cdot \vec{F} \, dV = \oiint_{\partial V} \vec{F} \, d\vec{A}$$

Interpretation der rechten Seite der Gleichung (*Effluktion*)

$$A_V = \oiint_{\partial V} \vec{F} \, d\vec{A}$$

Die Effluktion misst den *netto Fluss* durch eine geschlossene Fläche. Salopp ausgedrückt handelt es sich um die Differenz der Anzahl Feldlinien, die in das Volumen hineinströmen und den Feldlinien, die herausströmen. Falls im Volumen keine Feldlinien „entstehen" oder „verschwinden", so ist der netto Fluss null. Die Effluktion muss also gleich der Summe aller Quellen (und Senken) im Volumen V sein.

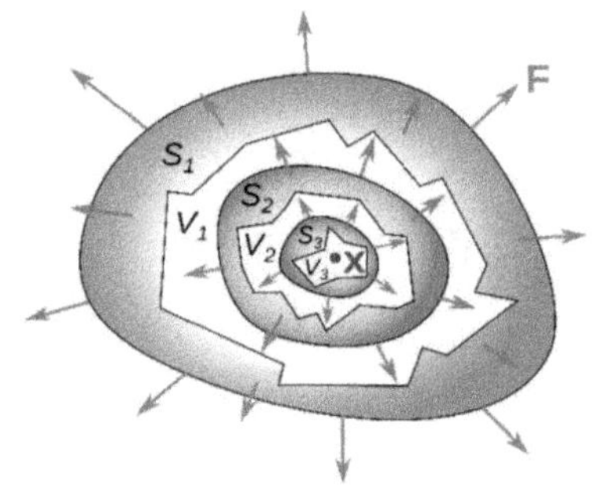

Interpretation der linken Seite der Gleichung (*Quellen*) $\Pi_V = \iiint_V \vec{\nabla} \cdot \vec{F} \, dV$

Die Divergenz des Vektorfeldes $\vec{\nabla} \cdot \vec{F}$ ist ein Skalarfeld, das wir als Quellendichte des Feldes interpretieren. Das Volumenintegral über die Quellendichte stellt somit die Summe aller Quellen (und Senken) im Volumen V dar und ist somit gleich der Effluktion.

Der Integralsatz von Gauss besagt, dass die Effluktion A_A (der netto Feldfluss) durch die Oberfläche eines Volumens gleich der Summe aller Quellen Π_V (bzw. Senken) im Volumen sein muss. Salopp gesagt kommt das Feld, das in das Volumen strömt, wieder daraus heraus oder es entsteht im Volumen (Quellen) bzw. wird darin vernichtet (Senken). Der Integralsatz von Gauss hat die Form eines Erhaltungssatzes.

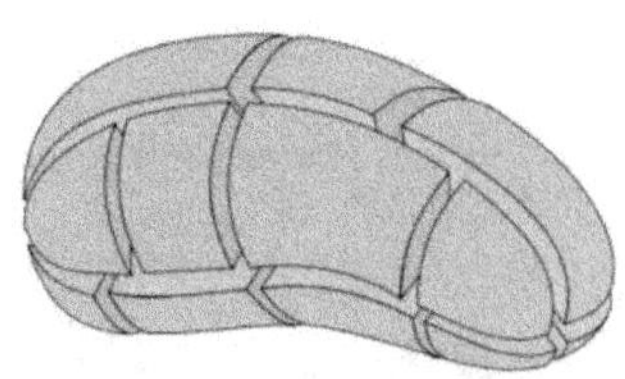

Jedes Volumen kann in viele kleine Teilvolumina zerlegt werden. Die Flüsse innerhalb des Volumens heben sich alle gegenseitig auf. Der einzige Teil, der zum Nettofluss durch den Körper beiträgt, ist der Fluss durch die Oberfläche, d.h. die Effluktion.

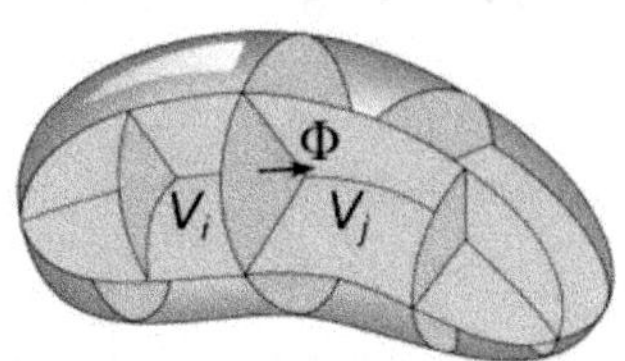

> *Die Divergenz $\vec{\nabla} \cdot \vec{F}$ eines Vektorfeldes misst die Quellendichte des Feldes.*

Ein Beispiel:

Wir betrachten die Kugel mit Radius $r = 1$ um den

Mittelpunkt $M(0|0|0)$ und das Feld $\vec{F} = \begin{pmatrix} x \\ y \\ z \end{pmatrix}$

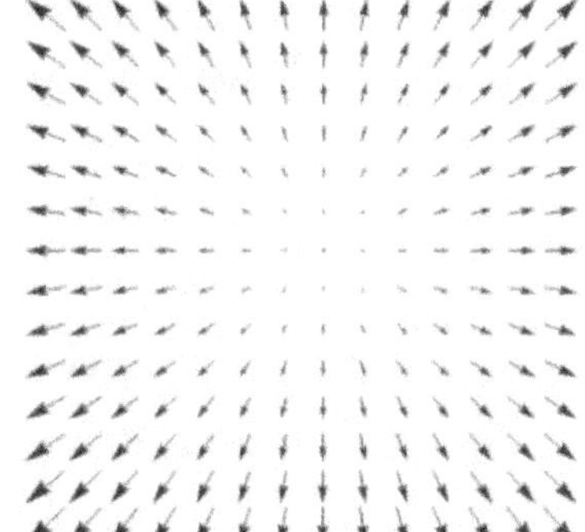

$$\Pi_V = \iiint_V \vec{\nabla} \cdot \vec{F}\, dV = \iiint_V 3\, dV$$

$$= 3\,\frac{4\pi}{3}\,1^3 = \underline{\underline{4\pi}}$$

$$A_V = \oiint_{\partial V} \vec{F}\, d\vec{A} = \oiint_{\delta V} 1\, dA$$

$$= 1 \cdot 4\pi \cdot 1^2 = \underline{\underline{4\pi}}$$

Ein informeller „Beweis":

$$\iiint \vec{\nabla}\vec{F}\, dV = \iiint \frac{\delta F_x}{\delta x} + \frac{\delta F_y}{\delta y} + \frac{\delta F_z}{\delta t}\, \delta x\, \delta y\, \delta z$$

$$= \underbrace{\iint F_x\, \delta y\, \delta z}_{\substack{\text{Integral durch} \\ \text{die Front-} \\ \text{und Rückwand}}} + \underbrace{\iint F_y\, \delta x\, \delta z}_{\substack{\text{Integral durch} \\ \text{beide Seiten-} \\ \text{wände}}} + \underbrace{\iint F_z\, \delta x\, \delta y}_{\substack{\text{Integral} \\ \text{durch Boden} \\ \text{und Deckel}}}$$

$$= \underbrace{\oiint_{\delta V} \vec{F}\, d\vec{A}}_{\substack{\text{Integral durch die} \\ \text{ganze Oberfläche}}}$$

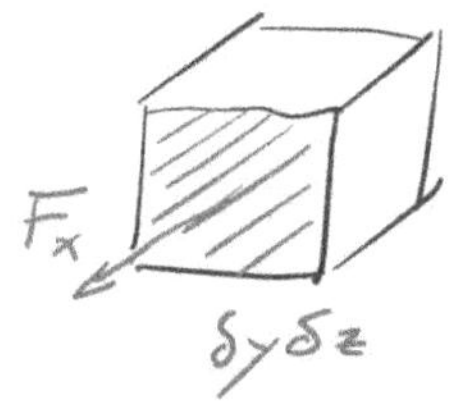

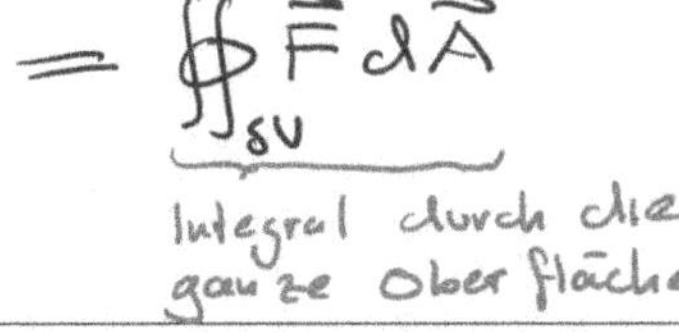

Integralsatz von Stokes

Der *Satz von Stokes* stellt einen Zusammenhang zwischen der Rotation eines Vektorfeldes in einer Fläche A und dem geschlossenen Kurvenintegral entlang der Umrandung ∂A dieser Fläche her:

$$\iint_A (\vec{\nabla} \times \vec{F}) \cdot d\vec{A} = \Gamma_A = \oint_{\partial A} \vec{F} \cdot d\vec{s}$$

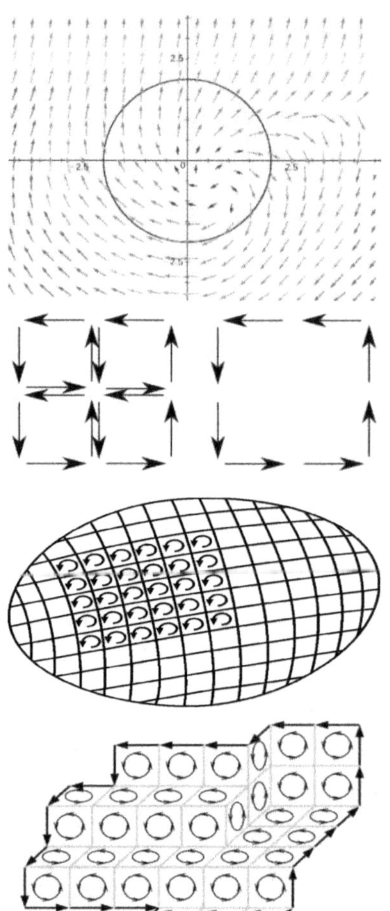

Interpretation der rechten Seite der Gleichung (*Zirkulation*):

$$\Gamma_A = \oint_{\partial A} \vec{F} \cdot d\vec{s}$$

Die Zirkulation ist das Integral entlang einer geschlossenen Kurve C, wobei wegen dem Skalarprodukt nur der Anteil des Feldes entlang der Kurve integriert. Somit ist die Zirkulation ein Mass für die Drehung, d.h. dem Wirbel entlang der Kurve.

Interpretation der rechten Seite der Gleichung (*Wirbel*):

$$\Sigma_A = \iint_A (\vec{\nabla} \times \vec{F}) \cdot d\vec{A}$$

Die Rotation eines Vektorfeldes $\vec{\nabla} \times \vec{F}$ ist wiederum ein Vektorfeld, dass wir als Wirbeldichte interpretieren, wobei die Rotation normal auf dem Wirbel steht. Das Flächenintegral über die Wirbeldichte stellt somit die Summe aller Wirbel in der Fläche A dar und ist somit gleich der Zirkulation.

Der Integralsatz von Stokes besagt, dass die Zirkulation Γ_A entlang des Randes einer Fläche gleich der Summe aller Wirbel Σ_A in der Fläche ist.

Jede Fläche kann in viele kleine Teilflächen zerlegt werden. Die Wirbel entlang der Teilflächen heben sich gegenseitig auf. Der einzige Teil, der zum Gesamtwirbel in der Fläche beiträgt, ist der Wirbel entlang dem Rand der Fläche, d.h. der Zirkulation.

Die Rotation $\vec{\nabla} \times \vec{F}$ eines Vektorfeldes *misst die Wirbeldichte* des Feldes.

Ein Beispiel:

Wir betrachten den Kreis in der xy-Ebene mit Radius r = 1

um dem Mittelpunkt M(0|0|0) und das Feld $\vec{F} = \begin{pmatrix} -y \\ x \\ 0 \end{pmatrix}$

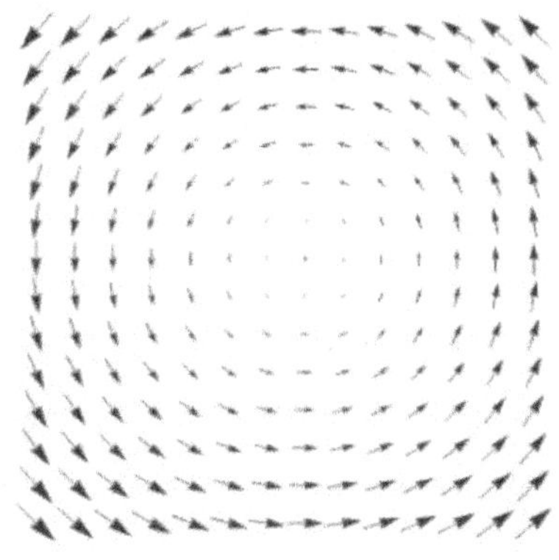

$$\Gamma_A = \iint_A (\vec{\nabla} \times \vec{F}) \cdot d\vec{A} = \iint_A \begin{pmatrix} 0 \\ 0 \\ 2 \end{pmatrix} d\vec{A} = \iint_A 2 \, dA$$

$$= 2 \cdot 1^2 \pi = \underline{\underline{2\pi}}$$

$$\Sigma_A = \oint_{\partial A} \vec{F} \cdot d\vec{s} = \oint_{\delta A} F \, ds = \oint_A 1 \, ds$$

$$= 1 \cdot 2\pi \cdot 1 = \underline{\underline{2\pi}}$$

Ein informeller „Beweis":

Zur Entlastung der Notation betrachten wir — ohne wesentliche Einschränkung der Allgemeinheit — nur Felder "parallel" zur xy – Ebene:

$$\vec{F} = \begin{pmatrix} F_x(x,y) \\ F_y(x,y) \\ 0 \end{pmatrix}$$

$$\vec{\nabla} \times \vec{F} = \begin{pmatrix} 0 \\ 0 \\ \frac{\delta F_y}{\delta x} - \frac{\delta F_x}{\delta y} \end{pmatrix} \qquad d\vec{A} = \begin{pmatrix} 0 \\ 0 \\ \delta x \, \delta y \end{pmatrix}$$

Die Ableitungen nach z verschwinden $\qquad$ Vektor normal zur xy-Ebene

$$\iint \vec{\nabla} \times \vec{F} \, d\vec{A} = \iint \frac{\delta F_y}{\delta x} - \frac{\delta F_x}{\delta y} \, \delta x \, \delta y$$

$$= \int F_y \, \delta y - \int F_x \, \delta x = \int \begin{pmatrix} -\delta F_x \\ \delta F_y \\ 0 \end{pmatrix} \begin{pmatrix} \delta x \\ \delta y \\ 0 \end{pmatrix}$$

$$= \int \vec{F} \, d\vec{s}$$

↳ Vorzeichen ergeben den rechten Drehsinn.

5. Identitäten

Aufgabe 12: Berechne

a) $\vec{\nabla} \cdot \left(\vec{\nabla} \times \begin{pmatrix} y \\ -x \\ 0 \end{pmatrix} \right)$

b) $\vec{\nabla} \times \left(\vec{\nabla}(x+y) \right)$

Aufgabe 13: Zeige, dass gilt

a) $\vec{\nabla} \cdot (\vec{\nabla} \times \vec{F}) = 0$

b) $\vec{\nabla} \times (\vec{\nabla}\varphi) = \vec{0}$

wobei $\vec{F} = \vec{F}(x,y,z)$ ein beliebiges Vektorfeld

und $\varphi = \varphi(x,y,z)$ ein beliebiges Skalarfeld.

Aufgabe 14: Zeige, dass für ein beliebiges Vektorfeld $\vec{F} = \vec{F}(x,y,z)$ gilt:

$$\vec{\nabla} \times (\vec{\nabla} \times \vec{F}) = \vec{\nabla}(\vec{\nabla} \cdot \vec{F}) - \vec{\nabla}^2 \vec{F}$$

Für Felder gelten folgende nützlichen Identitäten für Differentialoperatoren:

Die **Divergenz einer Rotation** verschwindet: $\vec{\nabla} \cdot (\vec{\nabla} \times \vec{F}) = 0$

Die **Rotation eines Gradienten** verschwindet: $\vec{\nabla} \times (\vec{\nabla}\varphi) = \vec{0}$

Für die **Rotation einer Rotation** gilt: $\vec{\nabla} \times (\vec{\nabla} \times \vec{F}) = \vec{\nabla}(\vec{\nabla} \cdot \vec{F}) - \Delta\vec{F}$

mit dem Laplace-Operator $\Delta := \vec{\nabla}^2 = \vec{\nabla} \cdot \vec{\nabla}$

Der **Fundamentalsatz der Vektoranalysis (Helmholtz-Zerlegung)** besagt, dass ein Vektorfelder $\vec{F}$ als

Summe eines rotationsfreien (wirbelfreien) Gradientenfelds $\vec{F}_{grad}$ und eines divergenzfreien

(quellenfreien) Rotationsfelds $\vec{F}_{rot}$ geschrieben werden können $\vec{F} = \vec{F}_{grad} + \vec{F}_{rot}$:

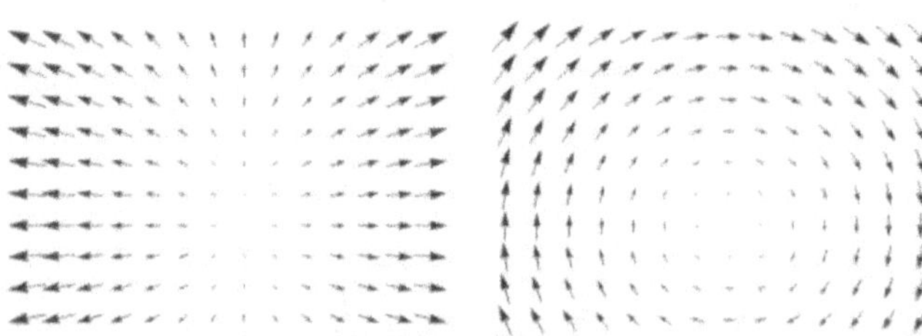

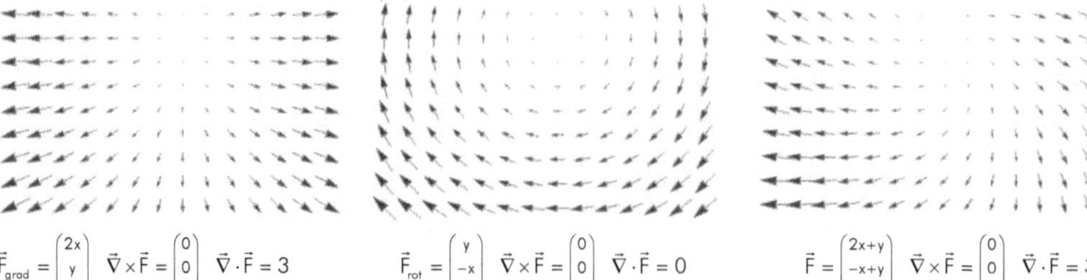

$\vec{F}_{grad} = \begin{pmatrix} 2x \\ y \\ 0 \end{pmatrix}$ $\vec{\nabla} \times \vec{F} = \begin{pmatrix} 0 \\ 0 \\ 0 \end{pmatrix}$ $\vec{\nabla} \cdot \vec{F} = 3$ $\vec{F}_{rot} = \begin{pmatrix} y \\ -x \\ 0 \end{pmatrix}$ $\vec{\nabla} \times \vec{F} = \begin{pmatrix} 0 \\ 0 \\ 2 \end{pmatrix}$ $\vec{\nabla} \cdot \vec{F} = 0$ $\vec{F} = \begin{pmatrix} 2x+y \\ -x+y \\ 0 \end{pmatrix}$ $\vec{\nabla} \times \vec{F} = \begin{pmatrix} 0 \\ 0 \\ 2 \end{pmatrix}$ $\vec{\nabla} \cdot \vec{F} = 3$

6. Maxwellgleichungen

Die Gleichungen

Die **Maxwell-Gleichungen** sind ein System von .....*linearen*........ partiellen Differentialgleichungen, die sich in differentialgeometrischer und in integraler Form schreiben lassen. Sie beschreiben die Phänomene des Elektromagnetismus. Nebst den Vektorfeldern $\vec{E}$ und $\vec{B}$ kommen die
Ladungsdichte ρ (Skalarfeld) und die Stromdichte $\vec{\jmath}$ (Vektorfeld) vor in den Maxwell-Gleichungen.

Gauss'sches Gesetz für elektrische Felder:

$$\vec{\nabla}\cdot\vec{E}=\frac{\rho}{\varepsilon_0} \ \Leftrightarrow\ \oiint_{\partial V}\vec{E}\cdot d\vec{A}=\iiint_V \frac{\rho}{\varepsilon_0}\,dV \tag{1}$$

Gauss'sches Gesetz für magnetische Felder:

$$\vec{\nabla}\cdot\vec{B}=0 \ \Leftrightarrow\ \oiint_{\partial V}\vec{B}\cdot d\vec{A}=0 \tag{2}$$

Induktionsgesetz von Faraday:

$$\vec{\nabla}\times\vec{E}=-\frac{\partial\vec{B}}{\partial t} \ \Leftrightarrow\ \oint_{\partial A}\vec{E}\cdot d\vec{s}=-\frac{\partial}{\partial t}\iint_A\vec{B}\cdot d\vec{A} \tag{3}$$

Ampère-Maxwell Gesetz:

$$\vec{\nabla}\times\vec{B}=\mu_0\vec{\jmath}+\mu_0\varepsilon_0\frac{\partial\vec{E}}{\partial t} \ \Leftrightarrow\ \oint_{\partial A}\vec{B}\cdot d\vec{s}=\iint_A\mu_0\vec{\jmath}\cdot d\vec{A}+\frac{\partial}{\partial t}\iint_A\mu_0\varepsilon_0\vec{E}\cdot d\vec{A} \tag{4}$$

Aufgabe 15: Welche Aussagen kannst Du auf Grund der Maxwell-Gleichungen über das
magnetische und über das elektrische Feld machen?

☐ Das elektrische Feld ist quellenfrei.　　☐ Das statische elektrische Feld ist quellenfrei.

☐ Das magnetische Feld ist quellenfrei.　　☐ Das statische magnetische Feld ist quellenfrei.

☐ Das elektrische Feld ist wirbelfrei.　　☐ Das statische elektrische Feld ist wirbelfrei.

☐ Das magnetische Feld ist wirbelfrei.　　☐ Das statische magnetische Feld ist wirbelfrei.

Quellen des statischen E-Feldes sind ☐ Ladungen bzw. ☐ Ströme.

Quellen des statischen B-Feldes sind ☐ Ladungen bzw. ☐ Ströme.

Wirbel im statischen E-Feldes werden durch ☐ Ladungen bzw. durch ☐ Ströme verursacht.

Wirbel im statischen B-Feldes werden durch ☐ Ladungen bzw. durch ☐ Ströme verursacht.

Aufgabe 16: Zeige mit Hilfe des Integralsatzes von Gauss bzw. des Integralsatzes von Stokes, dass
diese Äquivalenzen gelten:

a) $\ \vec{\nabla}\cdot\vec{B}=0 \ \Leftrightarrow\ \oiint_{\partial V}\vec{B}\cdot d\vec{A}=0$

b) $\ \vec{\nabla}\cdot\vec{E}=\frac{\rho}{\varepsilon_0} \ \Leftrightarrow\ \oiint_{\partial V}\vec{E}\cdot d\vec{A}=\iiint_V\frac{\rho}{\varepsilon_0}\,dV$

c) $\ \vec{\nabla}\times\vec{E}=-\frac{\partial\vec{B}}{\partial t} \ \Leftrightarrow\ \oint_{\partial A}\vec{E}\cdot d\vec{s}=-\frac{\partial}{\partial t}\iint_A\vec{B}\cdot d\vec{A}$

d) $\ \vec{\nabla}\times\vec{B}=\mu_0\vec{\jmath}+\mu_0\varepsilon_0\frac{\partial\vec{E}}{\partial t} \ \Leftrightarrow\ \oint_{\partial A}\vec{B}\cdot d\vec{s}=\iint_A\mu_0\vec{\jmath}\cdot d\vec{A}+\frac{\partial}{\partial t}\iint_A\mu_0\varepsilon_0\vec{E}\cdot d\vec{A}$

Gauss'sches Gesetz für elektrische Felder

Aufgabe 17: Berechne mit Hilfe des Gauss'schen Gesetzes $\oiint_{\partial V} \vec{E} \cdot d\vec{A} = \iiint_V \frac{\rho}{\varepsilon_0}\, dV$ die Stärke

des elektrische Feldes (Betrag) der folgenden Ladungsverteilungen:

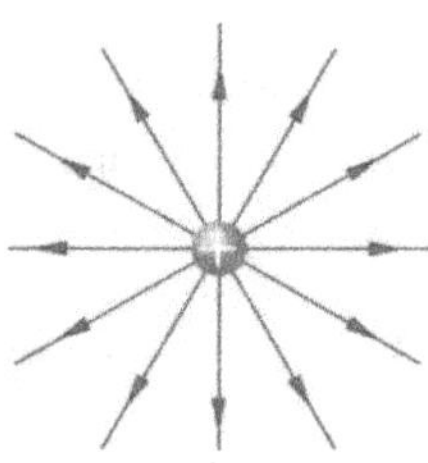

a) *Punktladung*: Eine elektrisch Punktladung Q ist von Feldstärkevektoren umgeben, die radial nach aussen laufen. Keine Richtung
wird bevorzugt. Als geschlossene Hüllfläche im Sinne des
Gauss'schen Gesetzes legt man darum eine konzentrische Kugel
mit dem Radius r, die von den Feldstärkevektoren lotrecht
durchstossen wird.

b) *Linienladung*: Ein elektrisch geladener, unendlicher langer Draht trägt pro Längeneinheit ℓ
die Ladung Q. Er hat also die Ladungsdichte $\lambda = Q/\ell$. Aus Symmetriegründen durchstossen die Feldvektoren die gelb eingezeichnete Zylinderwand senkrecht. Als geschlossene
Hüllfläche im Sinne des Gauss'schen Gesetzes legt man um
einen Abschnitt dieses Drahtes einen Kreiszylinder der Länge a,
der den Draht als Achse besitzt. Die Hüllfläche besteht aus drei
Teilflächen: linker und rechter Deckel und dem Zylindermantel.

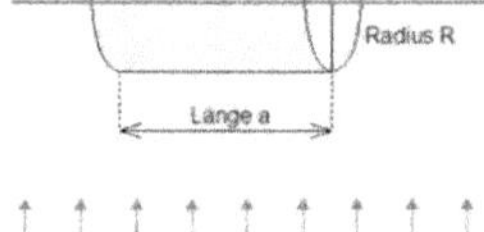

c) *Flächenladung*: Eine positiv geladene Fläche mit dem Inhalt A
träge die Ladung Q (Ladungsdichte $\sigma = Q/A$). Aus Symmetriegründen stehen die Vektoren der elektrischen Feldstärke lotrecht
auf der Ebene[6]. Als geschlossene Hüllfläche im Sinne des
Gauss'schen Gesetzes legt man um eine Teilfläche einen Quader der Höhe 2h, der von
der geladenen Ebene halbiert wird. Die Feldvektoren durchstossen beide Deckel des
Quaders senkrecht. Seine Oberfläche besteht aus drei Elementen: oberer und unterer
Deckel und der Rand des Quaders.

d) *Plattenkondensator*: Eine positiv geladene Fläche mit dem
Inhalt A trägt die Ladung Q. Im Abstand d verläuft eine
parallele, gleich grosse Fläche mit der Ladung –Q. Das Feld
Aussen- bzw. im Innenraum ergibt sich aus der Summe der
Felder der beiden Platten.

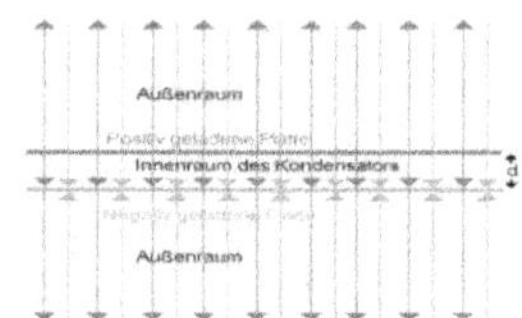

Aus dem *Gauss'schen Gesetz* lassen sich die **elektrischen Felder von Ladungsverteilungen**
berechnen. Wir haben die Felder der folgenden Verteilungen berechnet:

Punktladung $\qquad E = \dfrac{1}{4\pi\varepsilon_0}\,\dfrac{Q}{r^2}$

Linienladung $\qquad E = \dfrac{1}{2\pi\varepsilon_0}\,\dfrac{\lambda}{r}$

Flächenladung $\qquad E = \dfrac{\sigma}{2\varepsilon_0}$

Plattenkondensator $\qquad E = \dfrac{\sigma}{\varepsilon_0}$

---

[6] Dies stimmt eigentlich nur für eine unendlich ausgedehnte Ebene. Wir müssen dann mit der Flächenladungsdichte
rechnen. Damit wir uns das Problem einfacher vorstellen können, betrachten wir eine endliche Fläche. An der Lösung
ändert sich jedoch nichts.

Ampère-Maxwell Gesetz

Aufgabe 18: Wir betrachten das Ampère-Maxwellsche Gesetz in
der Integralform für den statischen Fall, d.h. die Ableitung
nach der Zeit verschwindet: $\oint_{\partial A} \vec{B} \cdot d\vec{s} = \iint_A \mu_0 \vec{i} \cdot d\vec{A}$.

Berechne den Betrag des magnetischen Feldes im Abstand r
von einem unendlich langen Leiter, der vom Strom I durch-
flossen wird. Aus Symmetriegründen muss das Feld in alle
Richtungen senkrecht zum Leiter den gleichen Betrag haben.
Als geschlossenen Weg im Sinne des Ampèreschen Gesetz
betrachten wir einen Kreis um den Leiter mit Radius r.

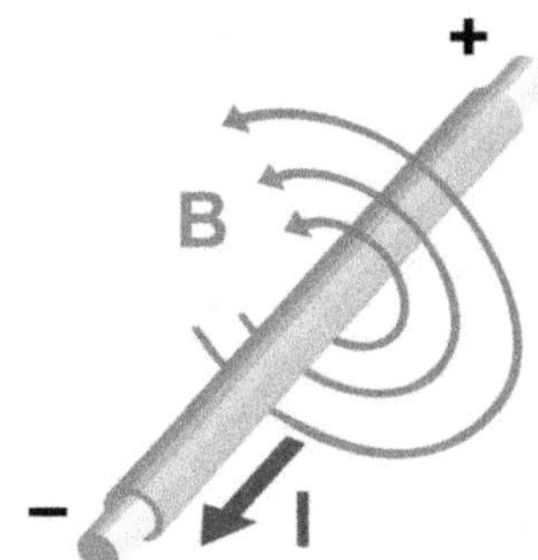

Aus dem **Ampère-Maxwellschen Gesetz** lassen sich die **magnetischen Felder von Ladungsverteilungen** berechnen. Wir haben das Feld eines unendlich langen, geraden Leiters berechnet

unendlich langer, gerader Leiter $\qquad B = \dfrac{\mu_0}{2\pi} \dfrac{I}{r}$

Induktionsgesetz von Faraday

Wir betrachten das Induktionsgesetz von Faraday in der Integralform:

$$\oint_{\partial A} \vec{E} \cdot d\vec{s} = -\frac{\partial}{\partial t} \iint_A \vec{B} \cdot d\vec{A}$$

Der rechte Teil der Gleichung stellt die zeitliche Änderung
des magnetischen Feldflusses Φ_m dar. Der magnetische
Feldfluss ist definiert als:

$$\Phi_m = \iint_A \vec{B} \cdot d\vec{A}$$

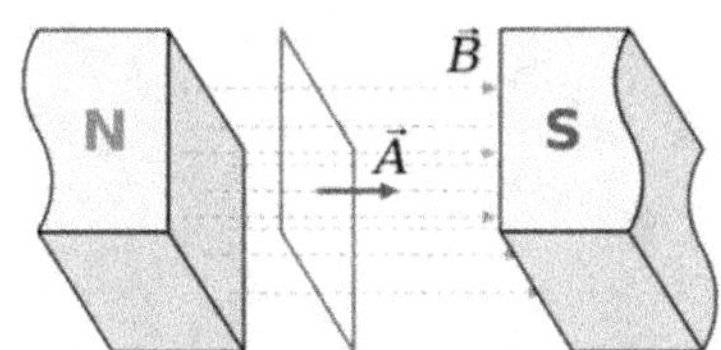

Der linke Teil der Gleichung stellt die Spannung[7] entlang
der Leiterschleife dar. Mit $\vec{F} = q \cdot \vec{E}$ scheiben wir:

$$U = \frac{W}{Q} = \frac{1}{Q} W = \frac{1}{Q} \oint_{\partial A} \vec{F} \cdot d\vec{s} = \oint_{\partial A} \frac{\vec{F}}{Q} \cdot d\vec{s} = \oint_{\partial A} \vec{E} \cdot d\vec{s}$$

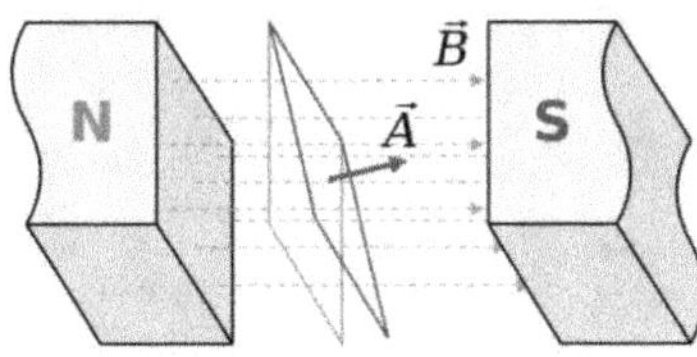

Aus dem Induktionsgesetz von Faraday kann das **Induktionsgesetz** in seiner gewohnten Form

hergeleitet werden: $U = -\dfrac{d\Phi_m}{dt}$

---

[7] Die Maxwell-Gleichungen beschreiben lediglich die Eigenschaften des elektrischen und des magnetischen Feldes. Die
Felder bewirken eine Kraft auf geladene Teilchen, die durch die Lorentz-Kraft F_L beschrieben wird:
$\vec{F}_L = \vec{F}_E + \vec{F}_B = q \cdot \vec{E} + q(\vec{v} \times \vec{B})$

Die Wellengleichung

Herleitung der Differentialgleichung

Wir betrachten die Maxwell-Gleichungen in differentialgeometrischer Form:

$$\vec{\nabla} \cdot \vec{E} = \frac{\rho}{\varepsilon_0} \tag{1}$$

$$\vec{\nabla} \cdot \vec{B} = 0 \tag{2}$$

$$\vec{\nabla} \times \vec{E} = -\frac{\partial \vec{B}}{\partial t} \tag{3}$$

$$\vec{\nabla} \times \vec{B} = \mu_0 \vec{i} + \mu_0 \varepsilon_0 \frac{\partial \vec{E}}{\partial t} \tag{4}$$

Wir suchen nun die Lösungen der Maxwell-Gleichungen im Vakuum (keine Ladungen und kein Strom). Wir müssen also folgende Gleichungen lösen:

$$\vec{\nabla} \cdot \vec{E} = 0 \qquad \vec{\nabla} \times \vec{E} = -\frac{\delta \vec{B}}{\delta t}$$

$$\vec{\nabla} \cdot \vec{B} = 0 \qquad \vec{\nabla} \times \vec{B} = \mu_0 \varepsilon_0 \frac{\delta \vec{E}}{\delta t}$$

Nun berechnen wir die Rotation der Rotation des elektrischen Feldes mit den Gleichungen (2) und (3) und verwenden dabei die Identität $\vec{\nabla} \times (\vec{\nabla} \times \vec{F}) = \vec{\nabla}(\vec{\nabla} \cdot \vec{F}) - \vec{\nabla}^2 \vec{F}$

$$\vec{\nabla} \times (\vec{\nabla} \times \vec{E}) = -\vec{\nabla} \times \frac{\delta \vec{B}}{\delta t} = -\frac{\delta}{\delta t}(\vec{\nabla} \times \vec{B})$$

$$= \vec{\nabla} \cdot (\vec{\nabla} \vec{E}) - \vec{\nabla}^2 \vec{E} = -\mu_0 \varepsilon_0 \frac{\delta^2 \vec{E}}{\delta t^2}$$

Wir vereinfachen $\vec{\nabla} \cdot \vec{E}$ mit Hilfe der Gleichung (1) und ersetzen die Rotation des Magnetfeldes mit Gleichung (4) durch das elektrische Feld:

$$\vec{\nabla}^2 \vec{E} = \mu_0 \varepsilon_0 \frac{\delta^2 \vec{E}}{\delta t^2}$$

Wir beschränken uns auf den eindimensionalen Fall $\vec{\nabla}^2 = \dfrac{\partial^2}{\partial x^2}$ und finden die folgende Gleichung:

$$\frac{\partial^2}{\partial x^2} \vec{E} = \mu_0 \varepsilon_0 \frac{\delta^2 \vec{E}}{\delta t^2}$$

Diese Gleichung heisst **Wellengleichung**. Es handelt sich um eine lineare und homogene partielle Differentialgleichung zweiter Ordnung: $\dfrac{\partial^2}{\partial x^2} \vec{E} = \dfrac{1}{c^2} \dfrac{\partial^2}{\partial t^2} \vec{E}$ mit $\dfrac{1}{c^2} = \varepsilon_0 \cdot \mu_0$.

Eine Lösung der Wellengleichung

Ansatz: $E = \hat{E}\sin(\omega \cdot t - k \cdot x + \varphi_0)$

$$\frac{\delta^2 E}{\delta t^2} = -\omega^2\, \hat{E}\, \sin(\omega t - kx + \varphi_0)$$

$$\frac{\delta^2 E}{\delta x^2} = -k^2\, \hat{E}\, \sin(\omega t - kx + \varphi_0)$$

$$\frac{1}{c^2}\omega^2\, \hat{E}\, \sin(\omega t - kx + \varphi_0) = k^2\, \hat{E}\, \sin(\omega t - kx + \varphi_0)$$

$$\frac{1}{c^2}\omega^2 = k^2 \qquad c^2 = \frac{\omega^2}{k^2} \qquad c = \frac{\omega}{k}$$

Die Lösungen der Wellengleichung heissen *Wellen*. Weil die Wellengleichung ...**linear**... ist,

überlagern sich Wellen, ohne sich gegenseitig zu beeinflussen.

Die einfachste *Lösung der Maxwellgleichungen* im Vakuum (ohne Ladung und Strom) sind

...**ebene Welle**..., wobei das elektrische und das magnetische Feld

senkrecht zueinanderstehen. Die Ausbreitungsgeschwindigkeit ist $c = \frac{\omega}{k} = \frac{1}{\varepsilon_0 \mu_0}$

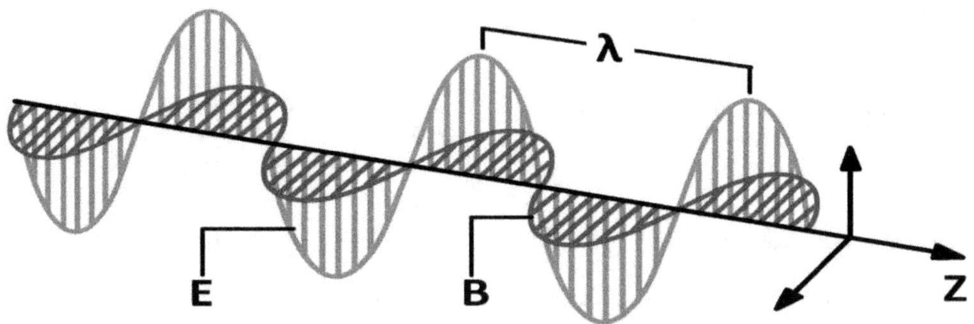

Quelle/ Anwendung/ Vorkommen	Höhen-strahlung	Gamma-strahlung	harte- mittlere- weiche- Röntgenstrahlung	UV-C/B/A Ultraviolett-strahlung	Infrarot-strahlung	Terahertz-strahlung	Radar MW-Herd Mikrowellen	UHF VHF	UKW Kurzwelle Rundfunk	Mittelwelle Langwelle	hoch- mittel- nieder-frequente Wechselströme
	1 fm	1 pm	1 Å 1 nm		1 µm	1 mm 1 cm	1 m		1 km		1 Mm

Wellenlänge in m	10^{-15}	10^{-14}	10^{-13}	10^{-12}	10^{-11}	10^{-10}	10^{-9}	10^{-8}	10^{-7}	10^{-6}	10^{-5}	10^{-4}	10^{-3}	10^{-2}	10^{-1}	10^{0}	10^{1}	10^{2}	10^{3}	10^{4}	10^{5}	10^{6}	10^{7}
Frequenz in Hz (Hertz)	10^{23}	10^{22}	10^{21}	10^{20}	10^{19}	10^{18}	10^{17}	10^{16}	10^{15}	10^{14}	10^{13}	10^{12}	10^{11}	10^{10}	10^{9}	10^{8}	10^{7}	10^{6}	10^{5}	10^{4}	10^{3}	10^{2}	
		1 Zettahertz		1 Exahertz		1 Petahertz		1 Terahertz			1 Gigahertz			1 Megahertz			1 Kilohertz						

Die Kontinuitätsgleichung

Die Maxwell-Gleichungen enthalten sowohl die Ladungsdichte ρ wie auch die Stromdichte $\vec{\jmath}$. Welcher
Zusammenhang besteht zwischen diesen Grössen?

Wir bilden die Divergenz des Ampère-Maxwell Gesetzes:

$$\vec{\nabla}\cdot\left(\vec{\nabla}\times\vec{B}\right)=\vec{\nabla}\cdot\left(\mu_0\vec{\jmath}+\mu_0\varepsilon_0\frac{\partial\vec{E}}{\partial t}\right)$$

$$=\mu_0\,\vec{\nabla}\vec{\jmath}+\mu_0\varepsilon_0\,\frac{\delta}{\delta t}\,\vec{\nabla}\vec{E}$$

$$\text{mit}\quad \vec{\nabla}\left(\vec{\nabla}\times\vec{F}\right)=0$$

$$\text{und}\quad \vec{\nabla}\vec{E}=\sfrac{\rho}{\varepsilon_0}$$

$$0=\vec{\nabla}\vec{\jmath}+\mu_0\frac{\delta}{\delta t}\sfrac{\rho}{\varepsilon_0}$$

$$-\vec{\nabla}\vec{\jmath}=\dot{\rho}$$

James Clerk Maxwell (*1831; † 1879) war ein
schottischer Physiker. Er entwickelte einen
Satz von Gleichungen, welche die Grund-
lagen der Elektrizitätslehre und des Magnetis-
mus bilden. Sie sind eine der wichtigsten
Leistungen der Physik und Mathematik des
19. Jhd. Er entwickelte ebenfalls die kinetische
Gastheorie und gilt damit als einer der
Begründer der statistischen Mechanik.
Maxwell veröffentlichte im Jahre 1861 die
erste Farbfotografie als Nachweis für die
Theorie der additiven Farbmischung.

Wir schreiben die gefundene Differentialgleichung mit Hilfe des Integralsatzes von Gauss
$\iiint_V \vec{\nabla}\cdot\vec{F}\,dV = \oiint_{\partial V}\vec{F}\,d\vec{A}$ in Integralform:

$$-\iiint_V \vec{\nabla}\vec{\jmath}\,dV = \oiint_{\partial V}\vec{\jmath}\,d\vec{A} = \frac{\delta}{\delta t}\iiint_V \rho\,dV$$

Für ein gegebenes Volumen V finden wir mit der Ladung im Volumen $Q_V = \iiint_V \frac{\partial\rho}{\partial t}\,dV$ und dem
Nettostrom in das Volumen $I_V = \oiint_{\partial V}\vec{\jmath}\cdot d\vec{A}$: $\dot{Q}_V = -I_V$

Die *Kontinuitätsgleichung* ist eine partielle Differentialgleichung, die zu einer Erhaltungsgrösse gehört. Sie
verknüpft die zeitliche Änderung der räumlichen
Dichte ρ einer Erhaltungsgrösse mit der räumlichen
Änderung ihrer Stromdichte:

$$\frac{\partial\rho}{\partial t}=-\vec{\nabla}\cdot\vec{\jmath}\qquad \iiint_V\frac{\partial\rho}{\partial t}\,dV=-\oiint_{\partial V}\vec{\jmath}\cdot d\vec{A}$$

Die Maxwell-Gleichungen gewährleisten also
die Erhaltung der ...Ladung...

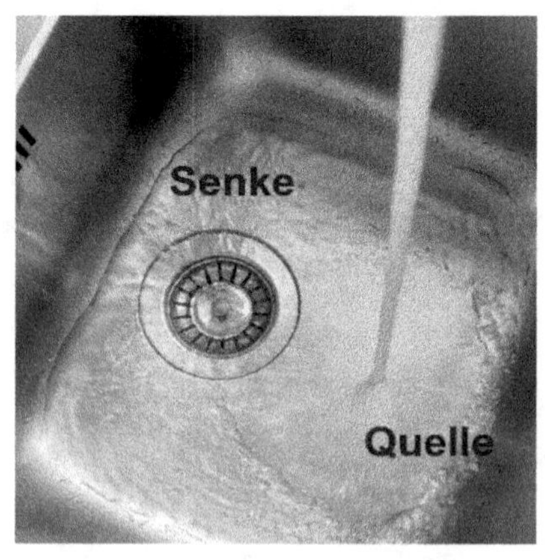

Lösungen

1. a) $\varphi(\vec{r}) = x^2$

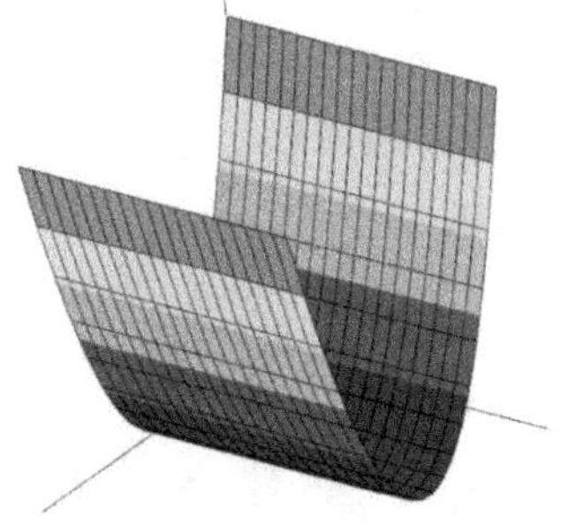 

b) $\varphi(\vec{r}) = x^2 + y^2 = r^2$

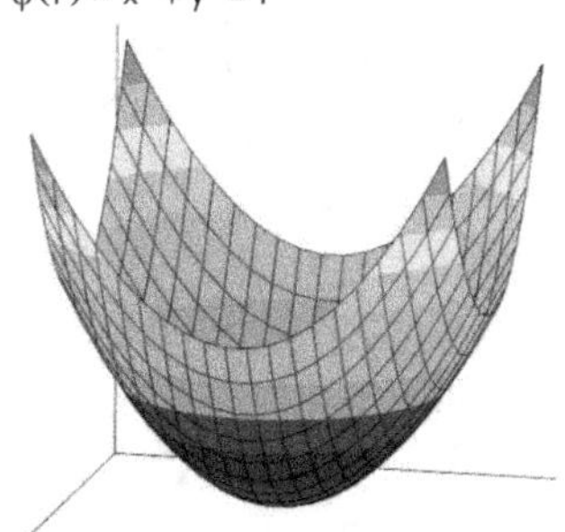 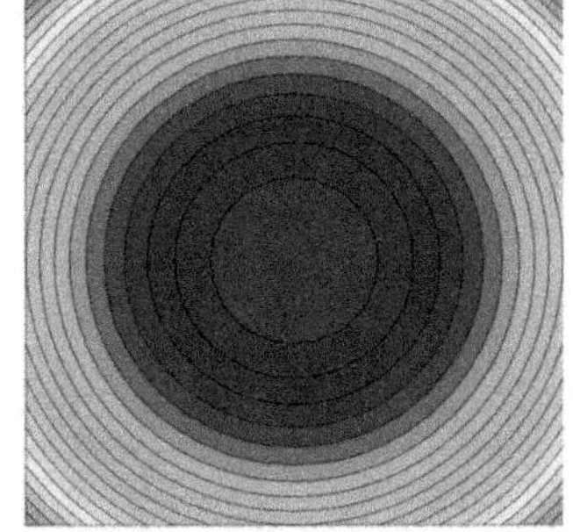

c) $\varphi(\vec{r}) = \dfrac{1}{r^2}$

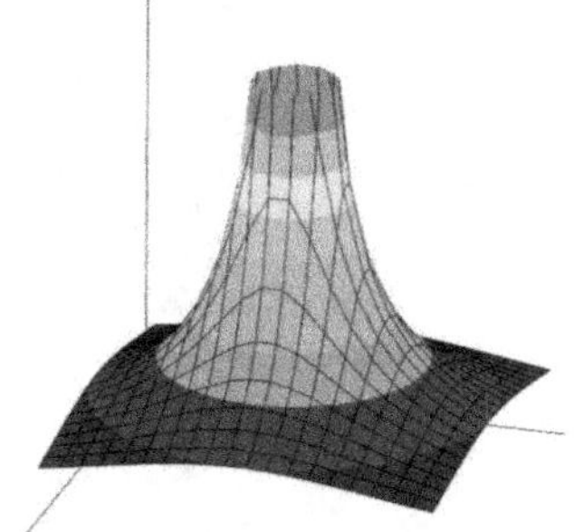 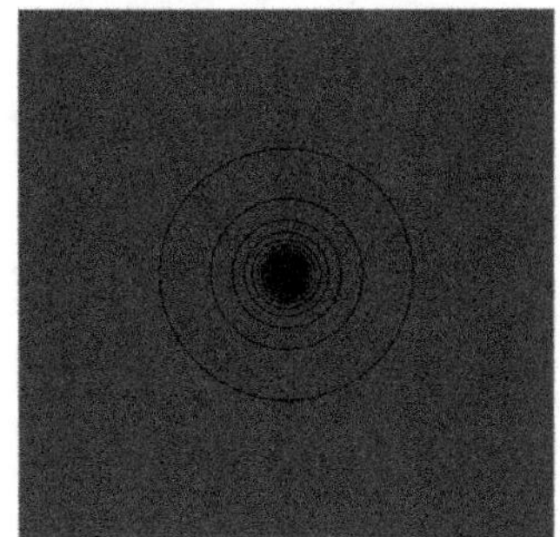

d) $\varphi(\vec{r}) = \dfrac{\sin(r)}{r}$

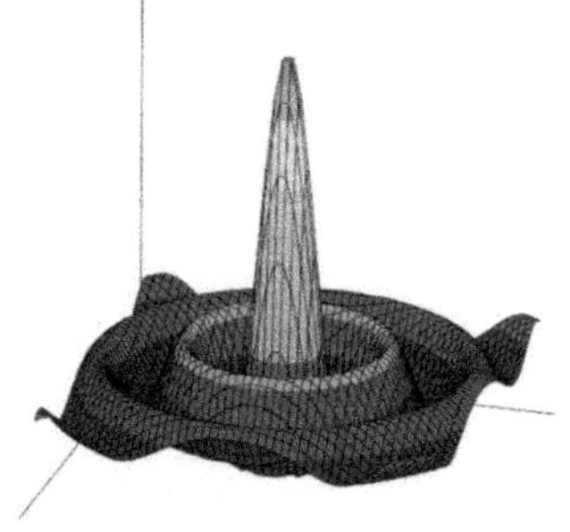 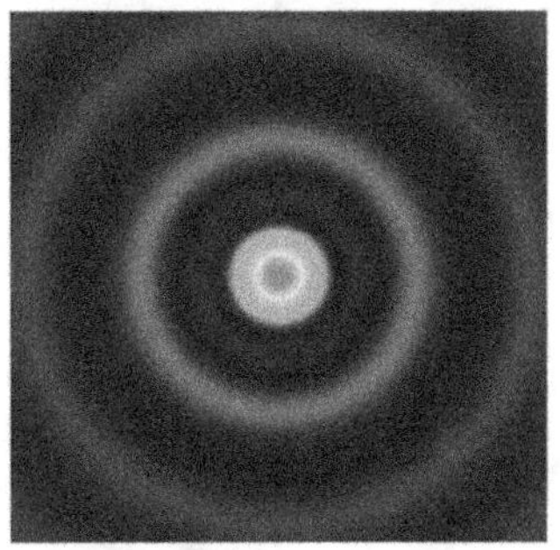

2. a) $\vec{F}(\vec{r}) = \begin{pmatrix} 1 \\ 1 \end{pmatrix}$ (ein homogenes Feld)

b) $\vec{F}(\vec{r}) = \begin{pmatrix} x \\ 0 \end{pmatrix}$

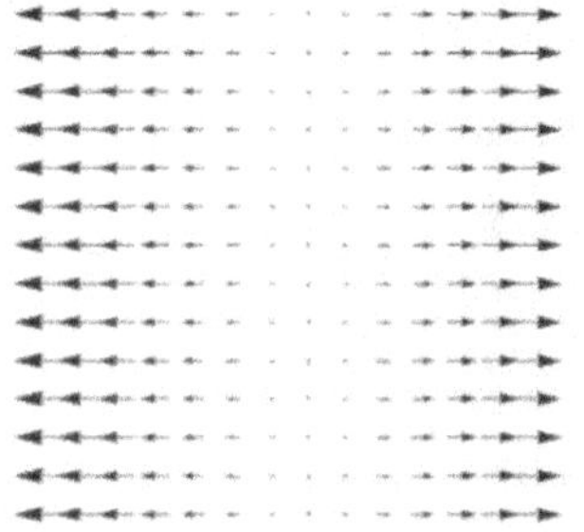

c) $\vec{F}(\vec{r}) = \begin{pmatrix} x \\ y \end{pmatrix}$ (ein radiales Feld)

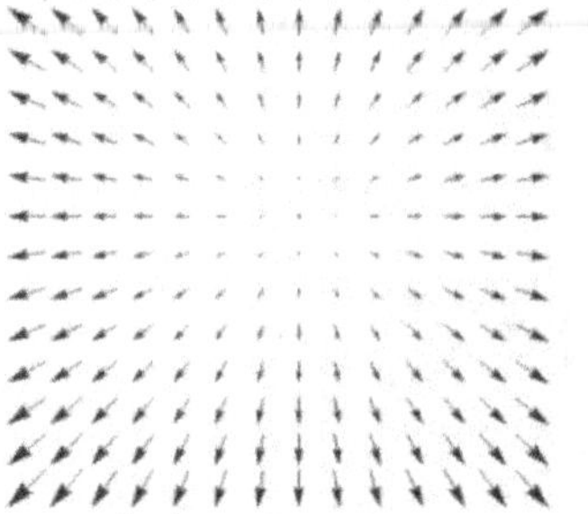

d) $\vec{F}(\vec{r}) = \begin{pmatrix} y \\ -x \end{pmatrix}$ (ein Wirbelfeld)

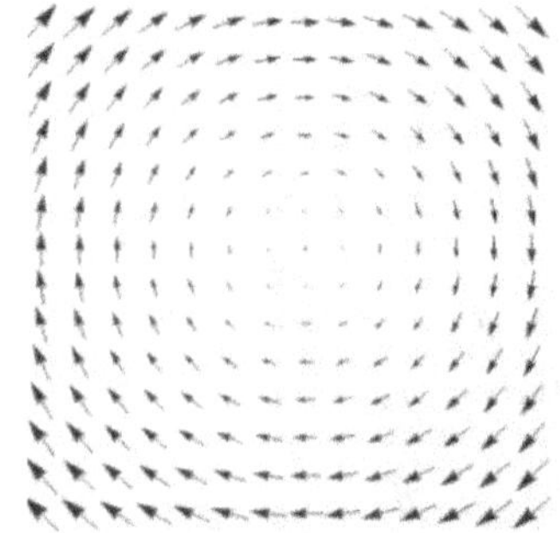

3. a) $W = 147.15\,\text{J}$
    b) $W = 5000\,\text{J}$
    c) $W_{\text{traditionell}} = 36\,\text{J}$, $W_{\text{Verbund}} = 49\,\text{J}$
       Der Pfeil des Verbundbogens ist schneller, da mehr Energie im Bogen gespeichert wurde und an den Pfeil abgegeben wird. Zudem ist die Kraft beim Zielen kleiner und der Bogen kann deshalb ruhiger gehalten werden.

    d) $E = G \cdot \dfrac{m \cdot m_\oplus}{r}$

    $v = \sqrt{\dfrac{2 \cdot G \cdot m_\oplus}{r}} \approx 11.2\,\tfrac{\text{km}}{\text{s}}$

4. a) i) $I_C = 5$ ii) $I_C = -5$
       iii) $I_C = 0$ iv) $I_C = 5$
       v) $I_C = 5$ vi) $I_C = 0$
       vii) $I_C = 0$
    b) i) $I_C = 0$ ii) $I_C = 0$
       iii) $I_C = 12.5$ iv) $I_C = 12.5$
       v) $I_C = 0$ vi) $I_C = 0$
    c) i) $I_C = 0$ ii) $I_C = 0$
       iii) $I_C = 5$ iv) $I_C = 10$
       v) $I_C = -10$ vi) $I_C = 5$
       vii) I_C nicht definiert
    d) i) $I_C = 0$ ii) $I_C = 0$
       iii) $I_C = 0$ iv) $I_C = 2 \cdot \pi$
       v) $I_C = 4 \cdot \pi$ vi) I_C nicht definiert
    e) i) $I_C = 12.5$ ii) $I_C = 12.5$
       iii) $I_C = 25$ iv) $I_C = 0$

5. a) $\dot{V} = 0.8\,\text{m}^3 \cdot \text{s}^{-1}$ $v = 16\,\text{m/s}$
    b) $J_1 = 0.398\,\text{W} \cdot \text{m}^{-2}$
       $J_3 = 0.044\,\text{W} \cdot \text{m}^{-2}$
    c) $P = 120\,\text{W}$
       $J_{30°} = 519\,\text{W} \cdot \text{m}^{-2}$

6. a) i) $\Phi_A = 1.5$ ii) $\Phi_A = 0$
       iii) $\Phi_A = 0$ iv) $\Phi_A = 1.0607$
       v) $\Phi_A = 0$
    b) i) $\Phi_A = 0$ ii) $\Phi_A = 0.5$
       iii) $\Phi_A = 1$ iv) nicht definiert
    c) i) $\Phi_A = 5$ ii) nicht definiert
    d) i) $\Phi_A = 0$ ii) $\Phi_A = 0$
       iii) $\Phi_A = 0$ iv) $\Phi_A = 12\pi$
       v) $\Phi_A = 0$
    e) i) $\Phi_A = 6\pi$ ii) $\Phi_A = 24\pi$

7. a) $m = 0.263\,\text{kg}$
    b) $m = 37290\,\text{kg}$

8. a) $V = 0.1\,\text{m3}$
    b) $V = {}^4\!/_{3}\pi$
    c) $m = 0.3\,\text{kg}$
    d) $J = 0.813\,\text{kg} \cdot \text{m}^2$

9. a) $\varphi(\vec{r}) = 1$

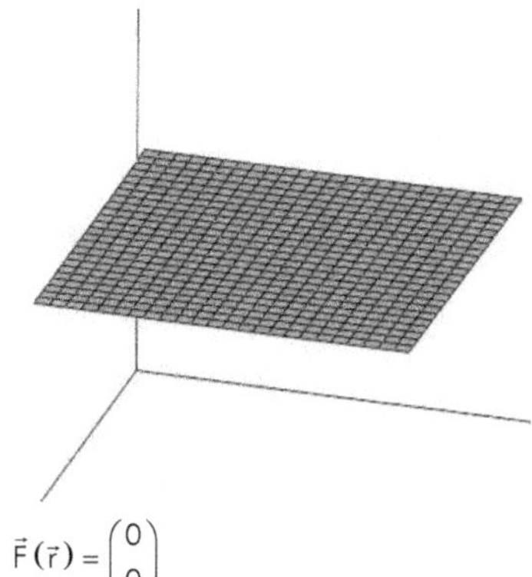

$$\vec{F}(\vec{r}) = \begin{pmatrix} 0 \\ 0 \end{pmatrix}$$

c) $\varphi(\vec{r}) = x^2 + y^2$

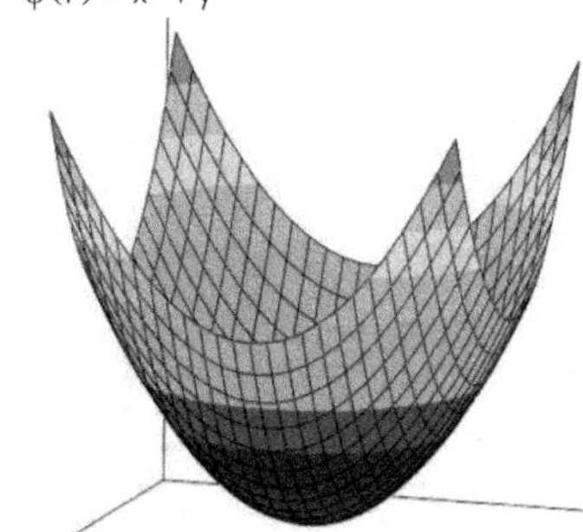

$$\vec{F}(\vec{r}) = \begin{pmatrix} 2x \\ 2y \end{pmatrix}$$

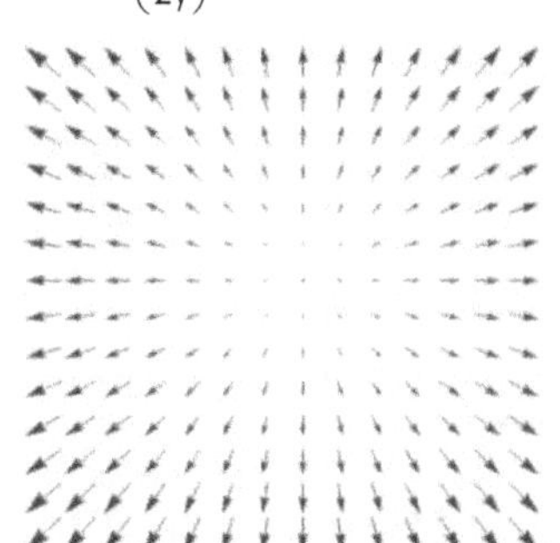

b) $\varphi(\vec{r}) = x + y$

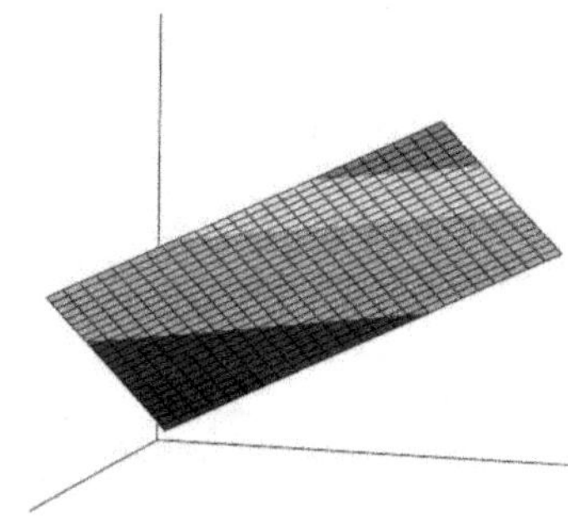

$$\vec{F}(\vec{r}) = \begin{pmatrix} 1 \\ 1 \end{pmatrix}$$

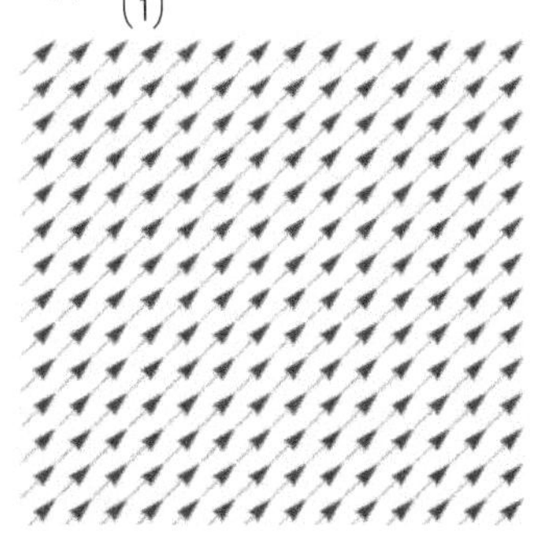

d) $\varphi(\vec{r}) = |x|$

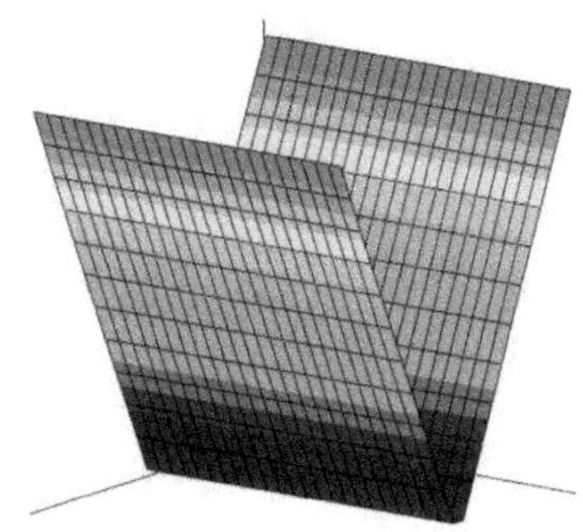

$$\vec{F}(\vec{r}) = \begin{pmatrix} \dfrac{x}{|x|} \\ 0 \end{pmatrix} = \begin{pmatrix} \begin{cases} 1 \text{ für } x > 1 \\ -1 \text{ sonst} \end{cases} \\ 0 \end{pmatrix}$$

10. a) $\vec{\nabla} \cdot \vec{F} = 0$ $\qquad \vec{\nabla} \times \vec{F} = \begin{pmatrix} 0 \\ 0 \\ 0 \end{pmatrix}$

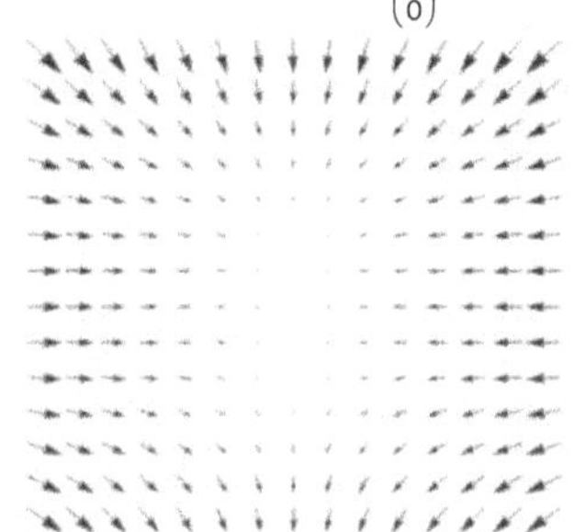

b) $\vec{\nabla} \cdot \vec{F} = -2y - 1$ $\qquad \vec{\nabla} \times \vec{F} = \begin{pmatrix} 0 \\ 0 \\ 0 \end{pmatrix}$

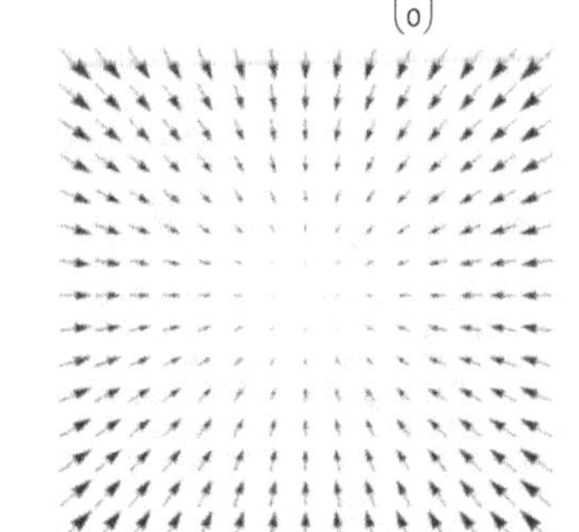

c) $\vec{\nabla} \cdot \vec{F} = -2$ $\qquad \vec{\nabla} \times \vec{F} = \begin{pmatrix} 0 \\ 0 \\ 0 \end{pmatrix}$

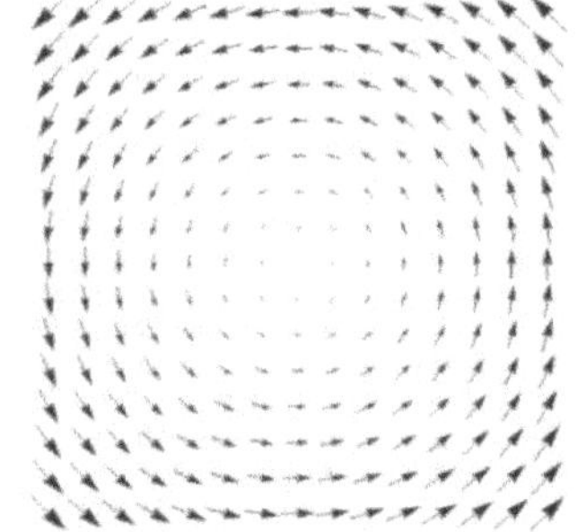

d) $\vec{\nabla} \cdot \vec{F} = 0$ $\qquad \vec{\nabla} \times \vec{F} = \begin{pmatrix} 0 \\ 0 \\ 2 \end{pmatrix}$

e) $\vec{\nabla} \cdot \vec{F} = 2x - 2y$ $\qquad \vec{\nabla} \times \vec{F} = \begin{pmatrix} 0 \\ 0 \\ 2y+1 \end{pmatrix}$

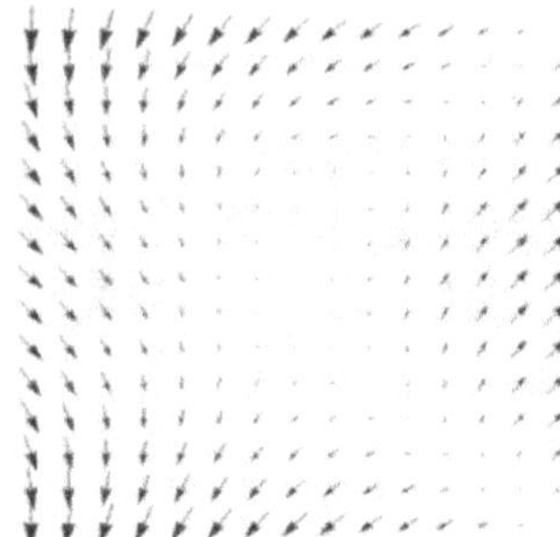

f) $\vec{\nabla} \cdot \vec{F} = 1 + e^{y}$ $\qquad \vec{\nabla} \times \vec{F} = \begin{pmatrix} 0 \\ 0 \\ 0 \end{pmatrix}$

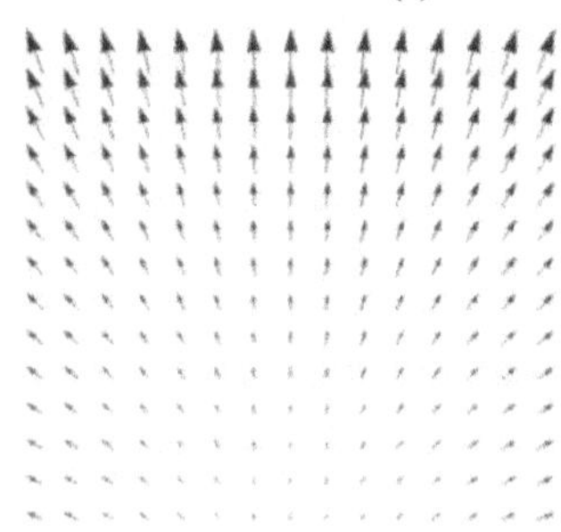

11. siehe vorhergehende Aufgabe

12. a) $\vec{\nabla} \cdot \left(\vec{\nabla} \times \begin{pmatrix} y \\ -x \\ 0 \end{pmatrix} \right) = \vec{\nabla} \cdot \left(\begin{pmatrix} 0 \\ 0 \\ -2 \end{pmatrix} \right) = 0$

   b) $\vec{\nabla} \times \left(\vec{\nabla} (x + y) \right) = \vec{\nabla} \times \begin{pmatrix} 1 \\ 1 \\ 0 \end{pmatrix} = \vec{0}$

13. –

14. –

15. Richtig sind folgende Aussagen:
☑ Das magnetische Feld ist quellenfrei.
☑ Das statische magnetische Feld ist quellenfrei.
☑ Das statische elektrische Feld ist wirbelfrei.
Quellen des statischen E-Feldes sind
☑ Ladungen.
Wirbel im statischen B-Feldes werden durch
☑ Ströme verursacht.

16. –

17. a) $E = \dfrac{1}{4\pi\varepsilon_0} \cdot \dfrac{Q}{r^2}$ $\qquad$ b) $E = \dfrac{1}{2\pi\varepsilon_0} \cdot \dfrac{\lambda}{r}$

   c) $E = \dfrac{\sigma}{2\varepsilon_0}$ $\qquad$ d) $E = \dfrac{\sigma}{\varepsilon_0}$

18. $B = \dfrac{\mu_0}{2\pi} \cdot \dfrac{I}{r}$

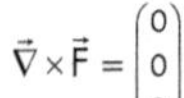
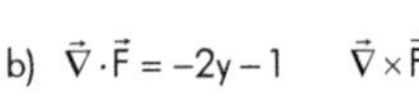

Bildquellen

Seite 1   „Meeresströmung" von NASA/Goddard Space Flight Center Scientific Visualization Studio (Public Domain)

Seite 2   „Great Pond Mountain, Maine" von Salix alba via Wikimedia Commons (Creative Commons BY-SA 3.0)

„Isobaren bei Orkan" von Simon Eugster via Wikimedia Commons (Creative Commons BY-SA 3.0)

„Thermografie" von Passivhaus Institut via Wikimedia Commons (Creative Commons BY-SA 3.0)

„Mesh-Plot" von Dstary via Wikimedia Commons (Creative Commons BY-SA 3.0)

„Äquipotentiallinien zweier Ladungen" von Ixfd64 via Wikimedia Commons (Public Domain)

„Äquipotentiallinien Erde-Mond" von MikeRun via Wikimedia Commons (Creative Commons BY-SA 4.0)

Seite 3   „Windgeschwindigkeiten" von NASA/Goddard Space Flight Center Scientific Visualization Studio (Public Domain)

„Vektorfeld" erstellt mit GeoGebra (Public Domain)

„Bezier Kurve" von Rob su via Wikimedia Commons (Creative Commons BY-SA 3.0)

„Strömungslinien", Deutsches Zentrum für Luft und Raumfahrt via Wikimedia Commons (Creative Commons BY-SA 3.0)

Seite 4   „Magnetfeld einer Schleife" von Chetvorno via Wikimedia Commons (Public Domain)

„Elektrisches Feld eines Dipols" von Geek3 via Wikimedia Commons (Creative Commons BY-SA 3.0)

„Vektorfeld (-y,z,x)" von Mth77777 via Wikimedia Commons (Public Domain)

„Konvektion" von Isofilm via English Wikipedia (Creative Commons BY-SA 3.0)

Seite 5   „Linienintegral" erstellt von Anian mit GeoGebra (Public Domain)

„Linienintegral" von Lucas Vieira via Wikimedia Commons (Public Domain)

Seite 6   „Compound Bogen" von Ewok Slayer via Wikimedia Commons (Creative Commons BY-SA 3.0)

Seite 9   „Volumenfluss" von MikeRun via Wikimedia Commons (Creative Commons BY-SA 4.0)

„Abstandsgesetz" von Borb via Wikimedia Commons (Creative Commons BY-SA 3.0)

„Neigungswinkel" von Wiki LIC via Wikimedia Commons (Creative Commons BY-SA 3.0)

„Feldfluss I" von Debenben via Wikimedia Commons (Public Domain)

„Feldfluss II" von Chetvorno via Wikimedia Commons (Public Domain)

Seite 11   „Troposphäre" von NASA (Jeff Williams) via Wikimedia Commons (Public Domain)

„Volumenintegral" von Chetvorno via Wikimedia Commons (Public Domain)

Seite 12   „Harfe" via Wikimedia Commons (Public Domain)

„Feldlinien und Äquipotentiallinien" von Menner via Wikimedia Commons (Public Domain)

Seite 13   „Integral-Satz von Gauss" von Chetvorno via Wikimedia Commons (Public Domain)

Seite 14   „Divergenz" von Chetvorno via Wikimedia Commons (Public Domain)

Seite 16   „Zirkulation" erstellt mit GeoGebra (Public Domain)

„Stokes Pflasterung" von Ncnever via Wikimedia Commons (Public Domain)

„Satz von Stokes" von Ulrich Mohrhoff via Wikimedia Commons (Creative Commons BY-SA 2.5)

„3D Zirkulatin" von Math buff via Wikimedia Commons (Creative Commons BY-SA 4.0)

Seite 20   „Punktladung" von Victor Blacus via Wikimedia Commons (Creative Commons BY-SA 3.0)

„Hüllfläche um einen geladenen Draht" von Herbertweidner via Wikimedia Commons (Public Domain)

„Feld einer geladenen Ebene" von Herbertweidner via Wikimedia Commons (Public Domain)

„Feld am Kondensator" von Herbertweidner via Wikimedia Commons (Public Domain)

Seite 21   „Ampère-Maxwell Gesetz" von Stannered via Wikimedia Commons (Creative Commons BY-SA 3.0)

„Magnetsicher Feldfluss" von ARTE via Wikimedia Commons (Public Domain)

Seite 23   „Elektromagnetische Welle" via Wikimedia Commons (Creative Commons BY-SA 4.0)

„Elektromagnetisches Spektrum" von Horst Frank / Phrood~commonswiki via Wikimedia Commons Creative Commons BY-SA 3.0)

Seite 24   „James Clerk Maxwell" via Wikimedia Commons (Creative Commons BY-SA 4.0)

Alle restlichen Grafiken und Bilder von Christian Wyss (Creative Commons BY-SA 4.0)

Die Creative Commons Lizenzen sind unter https://creativecommons.org/ erhältlich.

Das vorliegende Skript wurde von Dr. Christian Wyss erstellt und ist unter www.mathema.ch zu beziehen.

Schlussworte

Urheberrechte & Bildquellen

Das vorliegende Werk erhebt keinen Anspruch auf wissenschaftliche Originalität, sondern stellt eine Einführung in die Thematik dar. Bei der Erstellung der Unterlagen wurden die freie Enzyklopädie Wikipedia und andere Quellen unter freien Lizenzen konsultiert. Die Texte enthalten deshalb teilweise Paraphrasen aus diesen Quellen. Viele der Übungen wurden selbst verfasst. Bei vielen Aufgaben liess ich mich dabei von Aufgaben von Kolleginnen und Kollegen inspirieren.

Die Bildquellen und zugehörigen Urheberrechte sind im jeweiligen Skript detailliert aufgeführt. Sie dürfen, sofern entsprechend ausgewiesen, im Rahmen der jeweiligen freien Lizenzverträge (Creative Commons www.creativecommons.org, GNU Public Licence www.gnu.org, Public Domain) weiterverwendet werden.

Danksagungen

Ich möchte meinen aufrichtigen Dank an meine Kolleginnen und Kollegen sowie an die engagierten Schülerinnen und Schüler aussprechen, die sich die Zeit genommen haben, mir Fehler und Unstimmigkeiten in den Skripten zu melden. Ein besonderer Dank gilt meiner Frau Caroline, die die Skripte sorgfältig gegengelesen und wertvolle Korrekturen vorgenommen hat. Ihre Unterstützung war von unschätzbarem Wert und hat massgeblich zur Verbesserung der Skripte beigetragen.

Über den Autor

Christian Wyss schloss sein Studium in Physik, Mathematik und Philosophie an der Universität Bern ab, wo er in angewandter Laserphysik promovierte. Bereits während seiner Studienzeit engagierte er sich als Lehrer an verschiedenen Gymnasien. In der Folge vertiefte er seine Expertise in der universitären Forschung als Postdoctoral Fellow an den Universitäten von Canterbury und Otago in Neuseeland. Bevor er sich seinem Berufsziel als Gymnasiallehrer zuwandte, erweiterte er seinen Erfahrungshorizont und wirkte als Patent- und Innovationsexperte beim eidgenössischen Amt. Im Anschluss gründete und leitete er erfolgreich eine Spin-off-Firma in der Technologiebranche.

mathema

Das altgriechische Wort μάθημα (máthēma) bedeutet Wissen, Studium, Lehre, Unterricht und heisst wörtlich „das, was gelernt wurde".

Klassenmaterial

Mit dem Erwerb dieses Buches erhalten Sie gleichzeitig die Berechtigung zur Nutzung der Unterrichtsunterlagen für Ihre Schülerinnen und Schüler. Im Internet stehen Kopiervorlagen der Unterrichtsunterlagen, bestehend aus unausgefüllten Skripten und den dazugehörigen Lernzielen, zum Download zur Verfügung.

Adresse: www.mathema.ch / Passwort: Tz8&qw9L